Die Verlagshandlung giebt die
Zwei Tabellen zur qualitativen chemischen Analyse
anorganischer Körper
a) Prüfung auf Basen b) Prüfung auf Säuren und deren Stellvertreter auch apart zum Preise von 7½ Sgr. für beide Tabellen aus.

Verlag von Julius Springer in Berlin.

Sammlung aller wichtigen
Tabellen, Zahlen und Formeln
für
Chemiker.
Nach den neuesten Fortschritten der Chemie zusammengestellt
von
Dr. Robert Hoffmann,
Chemiker der k. k. patr. ökonom. Gesellschaft zu Prag.
Preis gebunden 1 Thlr.

Die vorliegende Sammlung enthält in 10 Hauptabschnitten eine grosse Zahl der besten und zuverlässigsten Tabellen zu analytischen Bestimmungen: Gehaltstabellen verschiedener Lösungen nebst Löslichkeitsverhältnissen einiger Salze, Tabellen über die Bier- und Branntweinmaischproben, über Alkohol, Holzgeist und Aether, über Zucker, über das specifische Gewicht starrer und flüssiger Körper, über Schmelze-, Siede-, und Gefrierpunkt, über die Volumveränderung durch Temperatur und Mischung, zur Vergleichung des Thermometer, Aräometer, Maasse und Gewichte, nebst einem Anhange, der ausser einigen Tabellen namentlich auch manche Formeln zu häufig vorkommenden Berechnungen enthält. Die Arbeit ist gut und empfehlenswerth und das Werk verdient sowohl von Seiten des theoretischen wie des praktischen Chemikers eine günstige Aufnahme. Man findet in demselben eine Menge Tabellen, welche sonst mühsam in einzelnen Werken und Zeitschriften gesucht werden müssen, und ein vollständiges Sachregister am Schlusse des Werkes erleichtert das Nachschlagen.

Theorie und practische Anwendung
von
Anilin
in der Färberei und Druckerei.
Für Färberei- und Druckereibesitzer, Photogen-, Parafin- und Gas-Fabrikanten
von
Ludwig J. Krieg,
technischem Chemiker.
Zweite, durchaus vermehrte und bis auf die jüngste Zeit nachgetragene Auflage.
Preis 1 Thlr. 6 Sgr.

Springer-Verlag Berlin Heidelberg GmbH

Die
chemisch - technischen Mittheilungen
der neuesten Zeit,
ihrem wesentlichen Inhalte nach alphabetisch zusammengestellt

von

Dr. L. Elsner,
Arkanist der Königl. Porzellan - Manufaktur in Berlin.

Erstes Heft: die Jahre 1846—1848. Preis: — Thlr. 22½ Sgr.
(Ist gänzlich vergriffen.)
Zweites ,, ,, ,, 1848—1850. ,, — ,, 22½ ,,
Drittes ,, ,, ,, 1850—1852. ,, 1 ,, 5 ,,
Viertes ,, ,, ,, 1852—1854. ,, 1 ,, 6 ,,
Fünftes ,, ,, ,, 1854—1856. ,, 1 ,, 7½ ,,
Sechstes ,, ,, ,, 1856—1857. ,, — ,, 22½ ,,
Siebentes ,, ,, ,, 1857—1858. ,, — ,, 28 ,,
Achtes ,, ,, ,, 1858—1859. ,, — ,, 28 ,,
Alphabetisches Sachregister zu den vorstehenden acht Heften 12½ Sgr.
Neuntes Heft: die Jahre 1859—1860. Preis: 1 Thlr. — Sgr.
Zehntes ,, ,, ,, 1840—1861. ,, 1 ,, 2 ,,

Die

practischen Arbeiten

im

chemischen Laboratorium.

Handbuch
für den Unterricht in der unorganischen Chemie
zum Schulgebrauch an höheren Lehranstalten

sowie namentlich auch

zum

Selbststudium.

Von

Dr. Carl Bischoff,
ordentlichem Lehrer am Cölnischen Real-Gymnasium zu Berlin.

Mit 90 in den Text gedruckten Abbildungen.
Preis 1 Thlr. 6 Sgr.

Springer-Verlag Berlin Heidelberg GmbH

Seit Juli 1859 erscheint:

Pharmaceutische Centralhalle
für Deutschland.

Herausgegeben
von
Dr. Hermann Hager.

Diese Wochenschrift hat sich die Aufgabe gestellt, der pharmaceutischen Genossenschaft Deutschlands ununterbrochen die Fortschritte in den verschiedenen Wissenszweigen, welche für die Pharmacie von Interesse sind, vorzuführen, und davon auf kritischem oder analytischem Wege zu Zwecken der Pharmacie soviel als möglich nutzbar zu machen, auch über den Inhalt pharmaceutischer Journale des In- und Auslandes Berichte zu bringen und den neuesten Erzeugnissen der pharmaceutischen Literatur Kritik zu widmen. Die Wochenschrift sucht ferner den Interessen der praktischen Pharmacie in ihrer Stellung als Kunst, sowie in ihren moralischen, geschäftlichen und rechtlichen Verhältnissen nach Kräften zu dienen, um nach jeder Seite hin den Fortschritt zu fördern.

Die pharmaceutische Centralhalle erscheint jeden Donnerstag für den vierteljährigen Abonnementspreis von 15 Sgr. Von den früheren Jahrgängen sind die drei Quartale Juli bis April 1860 gänzlich vergriffen! Alle Buchhandlungen und Postanstalten nehmen Bestellungen an.

Gemeinnützige Mittheilungen, Anzeigen von Vakanzen, Apothekenverkäufen, Ankündigungen pharmaceutischer Waaren und Präparate etc. werden aufgenommen. Anfragen und Aufträge an die Redaction (Charlottenburg, Krummestrasse Nr. 10 B) sind jedoch franco einzuschicken.

Die

Typentheorie

und

die Molekularformeln.

Eine Uebersicht für Studirende der Chemie.

Von

Dr. Theodor Petersen.

Brochirt. Preis 22 Sgr.

Allgemeiner Gang

der

qualitativen chemischen Analyse

fester und tropfbarflüssiger

anorganischer Körper

mit Berücksichtigung

der

häufiger vorkommenden organischen Säuren.

Von

Leopold Stahl.

Mit zwei Tabellen.

Springer-Verlag Berlin Heidelberg GmbH 1862

Additional material to this book can be downloaded from http://extras.springer.com

ISBN 978-3-662-38697-2   ISBN 978-3-662-39571-4 (eBook)
DOI 10.1007/978-3-662-39571-4
Softcover reprint of the hardcover 1st edition 1862

Dem Apotheker

Herrn Louis Hofmann

seinem ersten Lehrer der Pharmacie

aus Dankbarkeit gewidmet

vom

Verfasser.

Vorwort.

Jüngst war ich damit beschäftigt, mir einen kurzen ausführlichen Gang der qualitativen chemischen Analyse anorganischer Körper auszuarbeiten, um meinem Gedächtnisse eine Stütze zu verschaffen. Es bewog mich dazu die Ueberzeugung, dass man, durch Mangel an Zeit und Gelegenheit von häufiger Uebung im Analysiren abgehalten, eher oder später den Zusammenhang analytischer Arbeiten verliert. Man greift dann wohl zu den besten analytisch-chemischen Werken und scheitert oft an ihrer zu grossen Ausführlichkeit. Mit leichter Mühe findet man sich aber in ein vormals selbst gemachtes Schema und gebraucht dieses dann als Schlüssel zum Nachschlagen in ausführlicheren Werken.

Zu dieser Zusammenstellung benutzte ich die im Laboratorio meines hochgeehrten Lehrers, des Hrn. Prof. Dr. Herm. Ludwig, Directors des pharmaceutischen Instituts zu Jena, mir gesammelten Notizen und Erfahrungen, die chemischen Tabellen von Will und die Anleitung zur qualitativen chemischen Analyse von Fresenius.

In der Voraussetzung, dass dieser kurze Ueberblick vielleicht meinen jüngeren Collegen die Erlangung einer

Einsicht in das Ganze der qualitativen Analyse und das selbstständige Entwerfen eines Schemas erleichtern könnte, wage ich diese Arbeit der Oeffentlichkeit zu übergeben.

Um grossen Umfang zu vermeiden, liess ich dieselbe in der Kürze, in welcher sie ursprünglich für mich selbst abgefasst war, indem ich glaube, dass durch kurze Darstellung die Verständlichkeit eher gehoben als vermindert wird. Da das Buch nicht für Anfänger der Chemie, sondern für mit ihr Bekannte bestimmt ist, so setze ich die Bekanntschaft mit den zum Analysiren nöthigen Operationen und Apparaten voraus und liess die Beschreibung derselben als überflüssig hinweg.

Mit der Bitte um gelinde Beurtheilung der wohlgefühlten Mängel, wünsche ich dem Schriftchen eine freundliche Aufnahme.

Güstrow, im December 1861.

Leopold Stahl.

Erster Theil.

Aufzählung der Elemente und Reagentien.

I. Die Elemente.

Die Natur bietet dem forschenden Auge mannigfaltig und wunderbar zusammengesetzte Körper dar, deren, nach dem jetzigen Standpunkte der Wissenschaft nicht weiter zerlegbare Bestandtheile, Elemente, folgende sind:

Name.	Symbol.	Atomzahl.	Entdecker oder erster Reindarsteller.
Aluminium	Al.	13,7	Davy—Woehler 1827—Oerstedt 1825.
Antimonium	Sb.	120,3	Basilius Valentinus im 15. Jahrhdrt.
Arsen	As.	75,0	Schröder 1694 — Brandt 1733.
Baryum	Ba.	68,5	Davy 1808.
Beryllium oder Glycium	Be. Gl.	4,7	Woehler 1828 — Vauquelin 1798.
Blei	Pb.	103,7	Seit den ältesten Zeiten bekannt.
Boron	B.	11,0	Gay-Lussac 1808 — Thenard.
Brom	Br.	80,0	Balard 1826.
Cadmium	Cd.	56,0	Herrmann und Stromeyer 1817.
Caesium	Cs.	123,4	Bunsen und Kirchhoff 1860.
Calcium	Ca.	20,0	Davy 1808.

Stahl, chem. Analyse.

2 Elemente.

Name.	Symbol.	Atomzahl.	Entdecker oder erster Reindarsteller.
Cerium	Ce.	47,0	Vauquelin 1825 — Mosander.
Chlor	Cl.	35,5	Scheele 1774.
Chrom	Cr.	27,0	Vauquelin 1797.
Didym	Di.	49,6	Mosander 1841.
Eisen	Fe.	28,0	Seit den ältesten Zeiten bekannt.
Erbium	Er.	?	Gadolin 1828 — Woehler.
Fluor	Fl.	19,0	Basilius Valentinus.
Gold	Au.	197,0	Seit den ältesten Zeiten bekannt.
Jod	J.	127,0	Courtois 1811.
Iridium	Ir.	99,0	Tennant 1804.
Kalium	K.	39,0	Davy 1807.
Kobalt	Co.	29,5	Brandt 1733.
Kohlenstoff	C.	6,0	Seit den ältesten Zeiten bekannt.
Kupfer	Cu.	31,7	„ „ „ „ „
Lanthan	La.	47,0	Mosander 1839.
Lithium	Li.	6,5	Brande — Arfwedson 1817.
Magnesium	Mg.	12,0	Davy 1808.
Mangan	Mn.	27,6	Kaim und Winterl 1770.
Molybdaen	Mo.	46,0	Hjelm 1782.
Natrium	Na.	23,0	Davy 1807.
Nickel	Ni.	29,5	Cronstedt 1751.
Niobium od. Pelopium	Nb. Pe.	?	Rose 1845.
Norium	No.	52,5	Svanberg 1845.
Osmium	Os.	99,5	Tennant 1804.
Palladium	Pd.	53,0	Wollaston 1803.
Phosphor	P.	31,5	Brandt 1669.
Platin	Pt.	99,0	Wood und Ulloa.
Quecksilber	Hg.	100,0	Seit den ältesten Zeiten bekannt.
Rhodium	Rh.	52,2	Wollaston 1804.
Rubidium	Rb.	85,36	Bunsen und Kirchhoff 1861.
Ruthenium	Ru.	52,2	Osann 1828 — Clauss 1848.
Sauerstoff	O.	8,0	Priestley und Scheele 1744.
Schwefel	S.	16,0	Seit den ältesten Zeiten bekannt.
Selen	Se.	39,5	Berzelius 1817.
Silber	Ag.	108,0	Seit den ältesten Zeiten bekannt.
Silicium	Si.	22,2	Davy 1810 — Berzelius 1824.
Stickstoff	N.	14,0	Rutherford 1772.
Strontium	Sr.	44,0	Crawford 1790.
Tantal	Ta.	184,0	Hatchet 1801 — Eckenberg 1802.
Tellur	Te.	64,2	v. Reichenstein 1782 — Klaproth 1798.

Name.	Symbol.	Atomzahl.	Entdecker oder erster Reindarsteller.
Terbium	Tb.	?	Woehler 1828.
Thorium	Th.	59,5	Berzelius 1829.
Titan	Ti.	25,0	Gregor 1791.
Uranium	U.	60,0	Klaproth 1789.
Vanadin	V.	68,5	Sefström 1830.
Wasserstoff	H.	1,0	Cavendish 1781.
Wismuth	Bi.	208,0	Seit den ältesten Zeiten bekannt.
Wolfrum	W.	92,0	D'Elhuyart 1785 — Scheele 1781.
Yttrium	Y.	34,0	Woehler 1828.
Zink	Zn.	32,5	Paracelsus im 16. Jahrhundert.
Zinn	Sn.	58,8	Seit den ältesten Zeit bekannt.
Zirkonium	Zr.	33,5	Berzelius 1824.

II. Die Reagentien.

Die Reagentien können in verschiedene Gruppen gebracht werden, je nachdem man sie, von dem einen oder von dem anderen Gesichtspunkte ausgehend, eintheilt. Der Uebersicht wegen sind sie hier nur in 2 Gruppen getheilt.

A. Einfache und einfach zusammengesetzte Reagentien.

1. Chlor (Cl), als Gas und in wässeriger Lösung.
   Anwendung. Als Oxydationsmittel der schwefligen Säure zu Schwefelsäure, zur Austreibung des Broms und Jods aus ihren Verbindungen, als Zerstörungsmittel organischer Substanzen.
2. Eisen (Fe), als blanker Stab.
   Anwendung. Als Reductionsmittel vieler Metalle (Kupfer u. s. w.)
3. Kohle (C), Fichten- oder Lindenkohle in Stücken.
   Anwendung. Als Unterlage bei Löthrohrproben und als Reductionsmittel der arsenigen Säure u. s. w.
4. Kupfer (Cu), als blankes Blech.
   Anwendung. Reductionsmittel des Quecksilbers.
5. Zink (Zn), granulirt.

4 Einfach zusammengesetzte Reagentien.

Anwendung. Zur Entwickelung von Wasserstoffgas, mit Salzsäure, zur Unterscheidung einiger Säuren.
6. Zinn (Sn), als Stanniol.
Anwendung. Das Zinn färbt die grüne Kupferperle rothbraun.
7. Reagenspapier (blaues und geröthetes Lackmus-, Georginen- und Curcumapapier).
Anwendung. Zur Erkennung freier Säuren (neutrale Salze schwerer Metalloxyde reagiren auch oft sauer) und freier Alkalien, alkalischer Erden, Schwefelalkalien und kohlensaurer Alkalien (borsaure Alkalien bräunen auch Curcumapapier).
8. Aether ($C_4 H_5 O = Ae\, O$), sp. Gw. 0,725.
Anwendung. Zur Isolirung des Broms.
9. Alkohol ($C_4 H_6 O_2 = AeO, HO$), sp. Gw. 0,83.
Anwendung. Als Lösungsmittel (Chlorstrontium) und als Fällungsmittel (des äpfelsauren Kalk's), zur Erzeugung von Aether (Essigäther), zur Erkennung einiger Körper (Bor, Strontian, Kalk, Lithion) an der Flammenfarbe.
10. Amylum ($C_{12} H_{10} O_{10}$), als Kleister, in wässeriger Lösung.
Anwendung. Zur Nachweisung des freien Jods und Broms.
11. Benzin ($C_{12} H_6$).
Anwendung. Zur Isolirung des Jods.
12. Wasser (HO), destillirtes.
Anwendung. Als Lösungsmittel und als Fällungsmittel (Wismuth, Antimon).
13. Aetzammoniak ($H_3 N$), in wässeriger Lösung sp. Gw. 0,96.
Anwendung. Zur Sättigung saurer Flüssigkeiten, zur Fällung vieler Metalloxyde und Erden, sowie zur Trennung derselben (Zink-, Cadmium-, Silber-, Kupferoxyd).
14. Aetzbaryt (BaO), als trockenes Hydrat (BaO, HO) und in concentrirter wässeriger Lösung (1 : 20).
Darstellung. Man mengt 6 Th. feingepulverten Schwerspath mit 1 Th. Kohlenpulver und 1½ Th. Mehl, oder 8 Th. Schwerspath, 2 Th. Kohle und 1 Th. Colophonium und glüht in einem bedeckten Tiegel. Das erhaltene

Schwefelbaryum wird mit 20 Th. Wasser gekocht, und der heissen Lösung Kupferhammerschlag im Ueberschuss zugesetzt, bis alles Schwefelbaryum zersetzt ist. Man filtrirt und lässt krystallisiren. Die Krystalle werden durch Erwärmen vom Krystallwasser befreit und zerrieben oder in Wasser gelöst.

Anwendung. Das trockene Barythydrat dient zum Aufschliessen der Silicate, wenn sie auf Alkalien geprüft werden sollen. Der gelöste Aetzbaryt dient zur Fällung der Metalloxyde, Erden, der Magnesia und einiger Säuren (Kohlensäure, Schwefelsäure u. s. w.).

15. Aetzkalk (CaO), als Hydrat (CaO, HO), und in concentrirter wässeriger Lösung.

Anwendung. Zum Austreiben des Ammoniaks und zum Fällen mehrerer Säuren (Weinsteinsäure, Citronensäure u. s. w.).

16. Aetzkali (KO), in wässeriger Lösung sp. Gw. 1,33.

Anwendung. Zum Austreiben des Ammoniaks, als Fällungsmittel der meisten Basen, als Lösungsmittel einiger Oxyde (Thonerde, Chromoxyd, Bleioxyd) und Schwefelverbindungen.

17. Aetznatron (NaO), in wässeriger Lösung sp. Gw. 1,33.

Anwendung. Wie das Aetzkali zum Fällen u. s. w.

18. Kupferoxyd (CuO).

Darstellung. Salpetersaures Kupferoxyd wird geglüht.

Anwendung. Zur Zerlegung einiger Schwefelmetalle.

19. Quecksilberoxyd (HgO).

Anwendung. Zur Nachweisung der Blausäure in alkalischen Flüssigkeiten.

20. Wismuthoxydhydrat (BiO, HO).

Darstellung. Wismuth (frei von Arsen) wird in Salpetersäure gelöst, die Lösung mit Aetzammoniak ausgefällt und der Niederschlag getrocknet.

Anwendung. Zur Zerlegung einiger Schwefelmetalle (dem Kupferoxyd vorzuziehen), zur Ueberführung des arsenigen Sulphids und des Arsensulphids in die entsprechenden Säuren.

21. **Chlorwasserstoffsäure** (HCl), sp. Gw. 1,12.
Anwendung. Als Lösungsmittel, zum Fällen des Silberoxydes, Quecksilberoxyduls und Bleioxyds, zur Erkennung des Ammoniaks.
22. **Essigsäure** ($C_4H_3O_3 + HO = \overline{A}$), sp. Gw. 1,04.
Anwendung. Zum Ansäuren und als Lösungsmittel.
23. **Hydrothionsäure** (HS), als Gas und in gesättigter wässeriger Lösung.
Darstellung des Schwefeleisens. 30 Th. Eisenfeile werden mit 21 Th. Schwefelblumen gemengt und das Gemisch in einen rothglühenden Schmelztiegel portionenweise eingetragen.
Anwendung. Als Fällungsmittel vieler Metalloxyde und als Reductionsmittel (Eisenoxyd, Chromsäure u. s. w.).
24. **Kieselfluorwasserstoffsäure** ($3HFl + 2SiFl_3$), in wässeriger Lösung.
Darstellung. 1 Th. Sand und 1 Th. Flussspath werden gemengt, in einem Glaskölbchen mit 6 Th. englischer Schwefelsäure übergossen, und das entweichende Gas unter Quecksilber geleitet, auf welchem sich 4 Th. Wasser befinden. Die erhaltene Gallerte wird durch Leinwand gepresst und die Flüssigkeit filtrirt.
Anwendung. Zur Fällung des Baryts.
25. **Königswasser.**
Darstellung. 1 Th. Salpetersäure wird mit 3—4 Th. Salzsäure gemischt.
Anwendung. Als Lösungsmittel (Gold, Platin) und als Zersetzungsmittel mancher Schwefelmetalle.
26. **Oxalsäure** ($C_2O_3 = \overline{O}$), in wässeriger Lösung.
Darstellung. 1 Th. Stärke wird mit 5 Th. Salpetersäure (sp. Gw. 1,42) und 10 Th. Wasser gelinde erwärmt und die Lösung auskrystallisirt.
Anwendung. Zum Fällen des Kalkes, Baryts und Strontians.
27. **Salpetersäure** (NO_5), sp. Gw. 1,2.
Anwendung. Als Lösungsmittel und Oxydationsmittel, zur Zersetzung der Jodwasserstoffsäure und Jodmetalle.

28. Schwefelsäure (SO_3), sp. Gw. 1,845.
Anwendung. Zum Austreiben vieler Säuren (Phosphor-, Bor-, Salz-, Essigsäure u. s. w.), zur Zersetzung vieler Verbindungen.
29. Schwefelsäure, verdünnte ($SO_3 + aq$).
Darstellung. 1 Th. Schwefelsäure (sp. Gw. 1,845) wird mit 5 Th. Wasser verdünnt.
Anwendung. Zur Fällung des Baryts und Strontians.
30. Schweflige Säure (SO_2), in wässeriger Lösung.
Darstellung. Kupferspäne werden mit engl. Schwefelsäure erwärmt und das entweichende Gas in Wasser geleitet.
Anwendung. Als Reductionsmittel (Ueberführung der Arsensäure in arsenige Säure, Chromsäure in Chromoxyd, des Eisenoxyds in Eisenoxydul).
31. Weinsteinsäure ($C_8 H_4 O_{10} + 2HO$ (2basisch) $= \overline{T}$), in wässeriger Lösung (1:5).
Anwendung. Sie verhindert die Fällung des Eisenoxyds, Manganoxyduls, der Thonerde durch Alkalien, sie fällt im Ueberschuss zugesetzt das Kali als saures Salz.

B. Zusammengesetzte Reagentien (Salze).

32. Antimonsaures Kali (KO, SbO_5), in wässeriger Lösung (1:20).
Darstellung. 4 Th. Antimonmetall werden mit 9 Th. Salpeter gemengt, in einen rothglühenden Schmelztiegel portionenweise eingetragen und eine Zeit lang im Glühen erhalten. Die erhaltene Masse wird mit Wasser vollständig ausgekocht, und 50 Th. des Rückstandes mit 24 Th. trockenen kohlensauren Kali gemengt, $\frac{1}{2}$ Stunde der Rothglühhitze ausgesetzt.
Anwendung. Zur Fällung des Natrons, jedoch dürfen weder kohlensaures Kali noch freie Säure oder andere Basen ausser Kali vorhanden sein.
33. Borax ($NaO, 2BO_3$), durch Erhitzen vom Krystallwasser befreit und zerrieben.
Anwendung. Als klare Perle zur Erkennung vieler Metalloxyde.

34. Chlorammonium ($H_4 NCl$), in wässeriger Lösung (1 : 8).

Anwendung. Zur Fällung des Platins als Platinsalmiak, zur Fällung der Thonerde und des Chromoxyds aus kalischer Lösung, zur Trennung der basisch-phosphorsauren Ammoniak-Magnesia von anderen Magnesianiederschlägen, zur Prüfung auf Phosphorsäure, zur Trennung des Manganoxyduls, der Magnesia, des weinsauren Kalkes von anderen, durch Ammoniak fällbaren Oxyden.

35. Chlorbaryum ($BaCl$), in wässeriger Lösung (1 : 10).

Darstellung. Schwefelbaryum (siehe 14) wird mit Salzsäure zersetzt, Lösung filtrirt und auskrystallisirt.

Anwendung. Zur Fällung der Schwefelsäure, Selensäure, Kieselfluorwasserstoffsäure u. s. w.

36. Chlorcalcium ($CaCl$), in wässeriger Lösung (1 : 6).

Darstellung. Salzsäure wird mit Kreide gesättigt, filtrirt, mit Kalkmilch im geringen Ueberschuss versetzt und 24 Stunden bei gelinder Wärme stehen gelassen. Man filtrirt, erhitzt zum Kochen und fällt mit kohlensaurem Ammoniak. Der ausgewaschene Niederschlag wird in mit 5 Th. Wasser verdünnte Salzsäure eingetragen, bis zur vollkommenen Sättigung. Man kocht einige Male auf, filtrirt und verwendet die Lösung entweder sofort als Reagens, oder dampft sie zur Trockene ein.

Anwendung. Zur Nachweisung organischer und einiger anorganischer Säuren und als Entwässerungsmittel.

37. Chlormagnesium ($MgCl$), in wässeriger Lösung.

Darstellung. Salzsäure wird mit $2\frac{1}{2}$ Th. Wasser verdünnt und mit kohlensaurer Magnesia gesättigt, die Lösung aufgekocht und filtrirt.

Anwendung. Zur Fällung der Phosphorsäure.

38. Chlorsaures Kali (KO, ClO_5), als Krystalle.

Anwendung. Als Oxydationsmittel (Eisenoxydul zu Eisenoxyd) und mit Salzsäure, als Zerstörungsmittel organischer Substanzen.

39. Chromsaures Kali, neutrales (KO, CrO_3), in wässeriger Lösung (1 : 10).

Darstellung. 100 Th. saures chromsaures Kali werden

in heissem Wasser gelöst und 47 Th. trockenes kohlensaures Kali hinzugebracht, die Lösung auskrystallisirt.

Anwendung. Zur Nachweisung des Bleies.

40. Chromsaures Kali, saures ($KO, 2CrO_3$), in wässeriger Lösung (1 : 10).
41. Cyankalium (KCy), trocken und in wässeriger Lösung (1 : 4).

Darstellung. Blutlaugensalz wird durch Erwärmen vom Krystallwasser befreit und 8 Th. desselben mit 3 Th. trockenen kohlensauren Kali gemengt, im eisernen Tiegel der Rothglühhitze ausgesetzt, bis eine herausgenommene Probe vollkommen weiss erscheint. Man giesst den Inhalt des Tiegels mit der Vorsicht aus, dass das am Boden befindliche fein zertheilte Eisen zurückbleibt.

Anwendung. Als Reductionsmittel der Oxyde und Schwefelverbindungen auf trockenem Wege, zur Trennung des Nickels vom Kobolt, des Kupfers vom Cadmium.

42. Eisenchlorid (Fe_2Cl_3), in wässeriger Lösung.

Darstellung. Eisenchlorid wird mit Ammoniak gefällt, das erhaltene Eisenoxydhydrat in einer Mischung aus $2\frac{1}{2}$ Th. Salzsäure und 10 Th. Wasser gelöst.

Anwendung. Zur Nachweisung der Ferrocyanwasserstoffsäure, Benzoësäure, Ameisensäure, Bernsteinsäure, Essigsäure und Phosphorsäure.

43. Eisenoxyduloxydlösung ($FeO, SO_3 + Fe_2Cl_3$).

Darstellung. Eisenvitriollösung wird mit Eisenchloridlösung gemischt.

Anwendung. Als Reagens auf Blausäure.

44. Essigsaures Bleioxyd, basisches ($3PbO, \overline{A}$), sp. Gw. 1,235.

Anwendung. Zur Erkennung des Schwefelwasserstoffs und einiger Säuren (Aepfelsäure, Chromsäure) u. s. w.

45. Essigsaures Bleioxyd, neutrales ($PbO, \overline{A}$) in wässeriger Lösung (1 : 10).

Anwendung als Reagens auf Chromsäure, Phosphorsäure, Aepfelsäure u. s. w.

46. Essigsaures Kali ($KO, \overline{A}$), in wässeriger Lösung (1 : 2).

Anwendung. Um Flüssigkeiten mit freier Mineralsäure essigsauer zu machen.

47. Essigsaures Natron (NaO, $\overline{A}$), in wässeriger Lösung (1:4).

Anwendung. Es wird wie das essigsaure Kali benutzt.

48. Ferridcyankalium ($3KCy + Fe_2 Cy_3 = K_3 Cfdy$), in wässeriger Lösung (1:10).

Darstellung. 1 Th. Blutlaugensalz wird in 15 Th. Wasser gelöst, Lösung mit Chlorgas gesättigt, bis zur Trockene verdampft; Rückstand in 4 Th. Wasser gelöst, Lösung filtrirt, bis zur Hälfte verdampft und auskrystallisirt. Die erhaltenen Krystalle werden in 3 Th. Wasser gelöst, Lösung wiederun zur Hälfte eingedampft und auf's Neue auskrystallisirt.

Anwendung. Zur Erkennung des Eisenoxyduls.

49. Ferrocyankalium ($2K Cy + Fe Cy = K_2 Cfy$) in wässeriger Lösung (1:12).

Anwendung. Zur Nachweisung des Eisenoxyds und Kupferoxyds.

50. Fluorbaryum (Ba Fl), als trockenes Pulver.

Darstellung. 1 Th. gepulverter Flussspath und 2 Th. engl. Schwefelsäure werden in einer Bleibüchse erhitzt, und das entweichende Gas in ein Bleigefäss, welches 3 Th. Wasser enthält, geleitet. Die erhaltene Flusssäure wird mit Ammoniak neutralisirt, filtrirt und mit in 10 Th. Wasser gelöstem Chlorbaryum gefällt. Der gut ausgewaschene Niederschlag wird getrocknet.

Anwendung. Zur Aufschliessung der Silicate wie das Barythydrat. Man nimmt auf 1 Th. Silicat 5 Th. Fluorbaryum und soviel reine Schwefelsäure, dass ein dicker Brei entsteht, erhitzt, bis keine Gase mehr entweichen.

51. Goldchlorid (Au Cl_3), in wässeriger Lösung (1:30).

Darstellung. Gold wird in Königswasser gelöst, wenn es kupferhaltig ist, mit Eisenvitriol gefällt, der Niederschlag wiederum in Königswasser gelöst und die Lösung zur Trockene verdampft.

Anwendung. Zur Erkennung des Zinnoxyduls und Eisenoxyduls.

52. Kohlensaures Ammoniak ($H_4 NO, CO_2$), in wässeriger Lösung.

Zusammengesetzte Reagentien. 11

Darstellung. 1 Th. anderthalb-kohlensaures Ammoniak wird in 4 Th. Wasser gelöst und die Lösung mit 1 Th. Ammoniak versetzt.

Anwendung. Zum Sättigen saurer Flüssigkeiten und als Fällungsmittel namentlich für Baryt, Strontian und Kalk.

53. Kohlensaures Ammoniak, anderthalb-kohlensaures ($[H_4 NO, CO_2] + CO_2$), in wässeriger Lösung (1:5).

Anwendung. Als Lösungsmittel für Schwefelarsen.

54. Kohlensaurer Baryt (BaO, CO_2) als trockenes Pulver.

Darstellung. Chlorbaryumlösung wird mit kohlensaurem Natron oder — Ammoniak gefällt, der Niederschlag gewaschen und getrocknet.

Anwendung. Als Trennungsmittel des Eisenoxyds und der Thonerde von Manganoxydul u. s. w.

55. Kohlensaures Kali (KO, CO_2), trocken und in wässeriger Lösung (1:5).

Anwendung. Zum Aufschliessen und als Fällungsmittel.

56. Kohlensaures Natron (NaO, CO_2), als durch Erhitzen vom Krystallwasser befreites Pulver und in wässeriger Lösung (1:5).

Anwendung. Zum Aufschliessen, bei Löthrohrversuchen und als Fällungsmittel.

57. Kohlensaures Natron-Kali ($NaO, CO_2 + KO, CO_2$).

Darstellung. 10 Th. trockenes kohlensaures Natron werden mit 13 Th. trockenen kohlensauren Kali gemischt.

Anwendung. Als Aufschliessungsmittel der Pottasche und der Soda vorzuziehen. Auf 1 Th. Silicat werden 4 Th. dieses Gemisches genommen.

58. Molybdänsaures Ammoniak ($H_4 NO, Mo O_3$), in wässeriger Lösung.

Darstellung. Zerriebenes Schwefelmolybdän wird in einem hessischen Tiegel bei mässiger Hitze geröstet, bis es in der Hitze gelb, in der Kälte weiss erscheint. Die so erhaltene Molybdänsäure wird fein zerrieben und durch Digestion in Ammoniak gelöst.

Anwendung. Zur Erkennung der Phosphorsäure. Man bringt das Reagens in ein Proberöhrchen, setzt so viel Salz- oder Salpetersäure hinzu, dass der entstandene Niederschlag wieder gelöst wird, fügt dann wenig von der phosphorsäurehaltigen Flüssigkeit zu und kocht. Die Flüssigkeit färbt sich intensiv gelb, und nach einiger Zeit scheidet sich ein gelber, in Säuren unlöslicher Niederschlag aus.

59. Natrium-Palladiumchlorür (Na Cl + Pd Cl), in wässeriger Lösung (1:12).

Darstellung. 5 Th. Palladium werden in Königswasser gelöst, mit 6 Th. Chlornatrium versetzt und im Wasserbade bis zur Trockene verdampft.

Anwendung. Zur Nachweisung des Jods.

60. Nitroprussidnatrium (2Na Cy, Fe_2 Cy_3, NO), in wässeriger Lösung.

Darstellung. 3 Th. Blutlaugensalz werden in einem Glaskolben mit 7 Th. reiner Salpetersäure (sp. Gw. 1,2) bei sehr gelinder Wärme und bisweiligem Umrühren eine halbe Stunde hindurch digerirt, nöthigenfalls noch etwas Salpetersäure hinzu getröpfelt, bis eine Probe mit Eisenvitriollösung nicht mehr blau, sondern schieferfarbig gefällt wird. Man dampft jetzt bis auf 8 Theile ab und lässt einen Tag stehen. Es krystallisirt salpetersaures Natron mit salpetersaurem Kali aus. Die Flüssigkeit wird nun mit in Wasser gelösten kohlensaurem Natron neutralisirt, filtrirt, das Filtrat auskrystallisirt. Es krystallisirt zuerst Salpeter (salpetersaures Natron und salpetersaures Kali), zuletzt das Nitroprussidnatrium in rubinrothen Krystallen aus.

Anwendung. Es giebt mit Schwefelalkalien eine purpurrothe Färbung.

61. Oxalsaures Ammoniak (H_4 NO, $\overline{O}$), in wässeriger Lösung (1:24).

Anwendung. Zur Prüfung auf Kalk wie die Oxalsäure.

62. Phosphorsaures Natron ($[NaO]_2$, HO, PO_5), in wässeriger Lösung (1:10).

Anwendung. Zur Fällung der alkalischen Erden, besonders der Magnesia.
63. Phosphorsaures Natron-Ammoniak, Phosphorsalz ($NaO, H_4 NO, HO, PO_5$), trocken und gepulvert.

Darstellung. 6 Th. phosphorsaures Natron und 1 Th. Salmiak werden in heissem Wasser gelöst und die Lösung auskrystallisirt. Die Krystalle werden durch Umkrystallisiren vom Chlornatrium und durch Erwärmen vom Krystallwasser befreit.

Anwendung. Als Perle zur Erkennung vieler Metalloxyde.

64. Platinchlorid ($Pt Cl_2$), in wässeriger Lösung (1 : 10).

Darstellung. Platinmetall wird in der Wärme in Königswasser gelöst und die Lösung zur Trockene verdampft.

Anwendung. Zur Fällung des Kalis. (Ammoniak wird auch davon gefällt).

65. Quecksilberchlorid ($Hg Cl$), in wässeriger Lösung (1 : 16).

Anwendung. Als Reagens auf Zinnoxydul und Jodwasserstoffsäure.

66. Salpetersaurer Baryt (BaO, NO_5), in wässeriger Lösung (1:10).

Darstellung. Chlorbaryumlösung wird mit kohlensaurem Ammoniak gefällt, der Niederschlag in Salpetersäure gelöst und die Lösung filtrirt und auskrystallisirt.

Anwendung. Wie das Chlorbaryum zum Fällen der Schwefelsäure, Selensäure und Kieselfluorwasserstoffsäure.

67. Salpetersaures Kali (KO, NO_5), getrocknet und gepulvert.

Anwendung. Zur Oxydation mehrerer Schwefelmetalle (Schwefelzinn, Schwefelantimon, Schwefelarsen) und zur Verbrennung organischer Körper.

68. Salpetersaures Kobaltoxydul (CoO, NO_5), in wässeriger Lösung (1 : 10).

Darstellung. 2 Th. gepulverter Glanzkobalt werden mit 4 Th. Salpeter, 1 Th. wasserfreier Soda und 1 Th. trockenen kohlensauren Kali gemengt, in einen rothglühenden Schmelztiegel portionenweise eingetragen, darauf noch einige Zeit erhitzt. Der erkaltete Inhalt des Tiegels wird gepulvert, mit Wasser gekocht und ausgewaschen, und der Rückstand in warmer Salzsäure gelöst, die Lösung zur Trockene verdampft. Der mit Salzsäure befeuchtete und erwärmte Rückstand wird mit Wasser eine Zeit lang gekocht, die erhaltene Lösung filtrirt und kochend mit kohlensaurem Ammoniak neutralisirt. Die jetzt filtrirte Lösung fällt man mit kohlensaurem Kali aus, wäscht den Niederschlag, löst ihn in Salpetersäure und verdampft die Lösung zur Trockene.

Anwendung. Als Löthrohrreagens zur Prüfung auf Zink, Thonerde und Magnesia.

69. Salpetersaures Natron (NaO, NO_5), getrocknet und gepulvert.

Anwendung. Wie der Salpeter als Oxydationsmittel.

70. Salpetersaures Quecksilberoxydul (Hg_2O, NO_5), in wässeriger Lösung (1:20). (Wird über Quecksilber aufbewahrt).

Anwendung. Als Reagens auf mehrere Säuren.

71. Salpetersaures Silberoxyd (AgO, NO_5), in wässeriger Lösung (1:20). (Ist in einem geschwärzten Glase aufzubewahren).

Anwendung. Zur Nachweisung der Wasserstoffsäuren und mehrerer Sauerstoffsäuren.

72. Schwefelcyankalium ($KCyS_2$), in wässeriger Lösung (1:10).

Darstellung. 46 Th. wasserfreies Blutlaugensalz werden mit 17 Th. kohlensauren Kali und 32 Th. Schwefel gemengt und in einem eisernen Gefässe zum Schmelzen erhitzt, bis die Masse ruhig fliesst. Man glüht schwach, nimmt die halb erkaltete Masse aus dem Tiegel, kocht sie mit Alkohol aus und lässt die Lösung auskrystallisiren.

Anwendung. Zur Entdeckung des Eisenoxyds.

73. Schwefelsaures Eisenoxydul (FeO, SO_3), als Krystalle und in concentrirter wässeriger Lösung.

Anwendung. Als Reductionsmittel namentlich für Salpetersäure (es entzieht derselben 3 Atome Sauerstoff und dient dadurch zu ihrer Entdeckung), zur Prüfung auf Ferridcyanwasserstoffsäure und Gold.

74. Schwefelsaure Indigolösung, in wässeriger, sehr verdünnter, nur schwach blau gefärbter Lösung.

Darstellung. Indigo wird mit 7 Th. conc. Schwefelsäure erwärmt.

Anwendung. Zur Entdeckung der Salpetersäure, der Chlorsäure und des freien Chlors.

75. Schwefelsaures Kali (KO, SO_3) in wässeriger Lösung (1:12).

Anwendung. Zur Fällung des Baryts und Strontians wie die verdünnte Schwefelsäure.

76. Schwefelsaurer Kalk (CaO, SO_3) in conc. wässeriger Lösung.

Anwendung. Zur Fällung der Oxalsäure, des Baryts und Strontians.

77. Schwefelsaures Kupferoxyd (CuO, SO_3), in wässeriger Lösung (1:4).

Anwendung. Mit Eisenvitriol vermischt (auf 1 Th. Kupfervitriol $2\frac{1}{2}$ Th. Eisenvitriol), zur Fällung der Jodwasserstoffsäure; mit überschüssigem Ammoniak vermischt, bis der Niederschlag wieder gelöst, zur Fällung der arsenigen Säure und Arsensäure; mit Kali versetzt und gekocht, zur Unterscheidung der arsenigen Säure von der Arsensäure; zur Entdeckung der Ferrocyanwasserstoffsäure.

78. Schwefelsaure Magnesia (MgO, SO_3) in wässeriger Lösung (1:10).

Anwendung. Zur Entdeckung der Phosporsäure und zur Prüfung des Schwefelammoniums.

79. Schwefelsaurer Strontian (SrO, SO_3), in conc. wässeriger Lösung.

Anwendung. Zur Fällung des Baryts.

80. Schwefligsaures Natron (NaO, SO_2), in wässeriger Lösung.

Darstellung. 5 Th. Kupferblech werden mit 20 Th. engl. Schwefelsäure übergossen, erwärmt, das entweichende Gas gewaschen, und in eine Lösung aus 4 Th. doppelt kohlensauren Natron und 20—30 Th. Wasser geleitet.

Anwendung. Wie die schweflige Säure zur Reduction der Arsensäure, Chromsäure und des Eisenoxyds.

81. Schwefelwasserstoff - Schwefelammonium ($H_4 NS + HS$), in wässeriger Lösung.

Darstellung. Ammoniak wird mit Schwefelwasserstoff vollkommen gesättigt.

Anwendung. Zur Nachweisung vieler Metalloxyde und als Lösungsmittel für einige Schwefelmetalle.

82. Schwefelwasserstoff - Schwefelnatrium ($NaS + HS$), in wässeriger Lösung.

Darstellung. Natronlauge wird mit Schwefelwasserstoffgas gesättigt. Soll das Reagens mehrfach Schwefelnatrium enthalten, so digerirt man mit etwas Schwefel.

Anwendung. Zur Trennung des Schwefelkupfers von anderen in Schwefelalkalien löslichen Schwefelmetallen.

83. Unterchlorigsaures Natron ($NaCl + NaOClO$), in wässeriger Lösung.

Darstellung. Chlorgas wird in eine verdünnte Sodalösung geleitet.

Anwendung. Zur Unterscheidung des Antimonspiegels vom Arsenspiegel.

84. Zinnchlorid ($SnCl_2$), in wässeriger Lösung.

Darstellung. Die Lösung des Zinnchlorürs wird mit Chlorgas gesättigt.

85. Zinnchlorür ($SnCl$), in wässeriger Lösung (1:6). (Ueber metallischem Zinn aufzubewahren).

Anwendung. Zur Entdeckung des Goldes (vorher mit Salpetersäure oder etwas Zinnchlorid zu versetzen) und zur Nachweisung des Quecksilbers.

NB. Die hier nicht angegebenen Darstellungsmethoden finden sich in den Pharmacopöen. Mehrere Reagentien kommen auch genügend rein im Handel vor.

Zweiter Theil.

Allgemeiner Gang
der
qualitativen chemischen Analyse fester und tropfbarflüssiger anorganischer Körper.

Der zu analysirende Körper ist entweder fest oder flüssig oder gasförmig. Feste Körper sind entweder ganz oder theilweise oder unlöslich in Wasser, verdünnten und concentrirten Mineralsäuren (Salzsäure, Salpetersäure, Königswasser, Essigsäure) oder Aetzalkalien. Der in diesen Lösungsmitteln unlösliche Körper oder auch nur der unlösliche Theil desselben muss aufgeschlossen, d. h. in lösliche Form gebracht werden. Dieses geschieht entweder durch Kochen mit Sodalösung oder durch Schmelzen des (im Achat- oder Stahlmörser) fein gepulverten Körpers mit kohlensaurem Natron, kohlensaurem Natronkali oder Barythydrat. Alle festen Körper müssen, behufs der Analyse auf nassem Wege, in Lösung gebracht werden, und ist der Gang der weiteren Analyse mit dem der Analyse flüssiger Körper gleich. Gasförmige Körper erfordern besondere Methoden.

Die Analyse zerfällt zunächst in zwei Theile; in die Prüfung auf trockenem Wege und in die auf nassem Wege.

I. Analyse auf trockenem Wege.

Die Analyse auf trockenem Wege dient als Vorarbeit zu der auf nassem Wege; indem sie oft Aufschluss über die ganze

Zusammensetzung des fraglichen Körpers giebt, stets sich aus ihr wenigstens das anzuwendende Lösungsmittel ersehen lässt. Die hauptsächlichsten Versuche sind folgende:

1. Eine kleine Probe des feinzerriebenen Körpers wird in einer an dem einen Ende verschlossenen Glasröhre zuerst gelinder, dann stärkerer Hitze ausgesetzt. In die Oeffnung des Glasröhrchens schiebt man etwas befeuchtetes rothes und blaues Lackmuspapier ein. Man beobachtet folgende Veränderungen.

   a. Der Körper verliert Wasser; mechanisch-gebundenes Wasser, wie hygroscopisches Wasser und Decrepitationswasser oder chemisch-gebundenes Wasser, wie Krystallwasser, Konstitutionswasser und basisches Wasser.

   b. Der Körper ist ganz oder theilweise flüchtig; es entweichen dabei sauer- oder alkalisch-reagirende Dämpfe (flüchtige Säuren, wie Kohlensäure, Essigsäure, Salpetersäure, schweflige Säure, Schwefelwasserstoff u. s. w. oder Ammoniak) oder riechende Dämpfe [nach Knoblauch (Arsen), nach Rettig (Selen), nach faulen Eiern (Schwefelwasserstoff), nach Ammoniak, schwefliger Säure u. s. w.]; er sublimirt ganz oder theilweise (Ammoniak-, Arsen-, Antimon-, Schwefel-, Quecksilberverbindungen u. s. w.).

   c. Der Körper schmilzt (Alkalien und alkalische Erden).

   d. Der Körper ist unschmelzbar (Erden, alkalische Erden zum Theil, Metalle).

   e. Der Körper bläht sich auf (Alaun und borsaure Salze, Kochsalz decrepitirt).

   f. Der Körper färbt sich dunkler (Zinkoxyd, Zinnoxyd, Titansäure, Antimonsäure gelb; Bleioxyd, Wismuthoxyd, chromsaure Salze, Quecksilberoxyd braun).

   g. Der Körper schwärzt sich (organische Substanzen, Geruch nach Caramel von Weinsäure oder Traubensäure herrührend).

   h. Der Körper mit Aetzkalk gemischt und erhitzt, giebt Ammoniak aus oder sublimirt metallisch glänzend (Quecksilber).

   Prüfung auf Ammoniak. Eine Probe des Körpers wird

Löthrohrversuche. 19

in einem Reagircylinder mit Aetzkali (oder Aetznatron) übergossen und mit einem mit salpetersaurer Quecksilberoxydullösung befeuchteten Papier bedeckt (schwarzer **Fleck**) oder man nähert einen mit Salzsäure befeuchteten **Glasstab** (graue Nebel).

2. Eine kleine Probe des Körpers wird für sich auf Kohle erhitzt.
  a. Der Körper ist flüchtig (siehe 1 sub b).
  b. Der Körper schmilzt, Rückstand reagirt alkalisch (Alkalien). Von Metallen schmelzen leicht: Antimon, Blei, Cadmium, Tellur, Wismuth, Zink, Zinn; schwerer: Kupfer, Gold, Silber.
  c. Der Körper verpufft (salpetersaure, chlorsaure, überchlorsaure, jodsaure und bromsaure Salze).
  d. Der Körper färbt die Flamme roth (Lithion, Strontian, Kalk), violett (Kali), grün (Baryt, Kupferoxyd, Molybdänsäure, Phosphorsäure, Borsäure, tellurige Säure), blau (Arsen, Antimon, Blei, Selen, Chlorkupfer) oder gelb (Natron).

  Man beobachtet ferner die 1 sub a, b, d, e, f und g angegebenen Veränderungen.

3. Eine kleine Probe des Körpers wird mit Soda oder Soda und Cyankalium gemengt und auf Kohle in der Reductionsflamme erhitzt.

  Es entsteht:
  a. Beschlag mit Hinterlassung eines Metallkorns. Antimon, (Metallkorn spröde, Beschlag weiss), Wismuth (Metallkorn spröde, Beschlag braungelb bis strohgelb), Blei (Metallkorn dehnbar, Beschlag gelb).
  b. Beschlag ohne Metallkorn. Zink (weiss, in der Hitze gelb), Cadmium (braunroth), Tellur (weiss).
  c. Metallkorn ohne Beschlag.
    α. Metallflittern. Zinn (weiss), Silber (weiss), Kupfer (roth), Gold (gelb).
    β. Pulver. Nickel, Kobalt, Eisen (mit dem Magnet ausziehbar), Molybdän, Wolfram, Platin und Iridium.
  d. Hepar. Schwefelverbindungen, Geruch nach Knoblauch, Arsen (siehe 1 sub b.)
  e. Die auf der Kohle nach dem Erhitzen zurückbleibende

Masse wird, behufs der Beobachtung des Metallkorns, in einem Achatmörser abgeschlämmt und nöthigenfalls durch die Lupe besehen, die beim Abschlämmen erhaltene Flüssigkeit aber in einem Reagircylinder mit Salzsäure oder Schwefelsäure versetzt und mit einem mit basisch-essigsaurer Bleioxydlösung getränktem Papier bedeckt. Entsteht ein schwarzer Fleck (von Schwefelblei), so war Schwefel oder Schwefelsäure vorhanden.

4. Eine kleine Probe des Körpers wird auf Kohle mit einem Tropfen Kobaltsolution befeuchtet und stark erhitzt. Phosphorsaure, borsaure und kieselsaure Alkalien geben ein blaues Glas, Thonerde, phosphorsaure Erden, Kieselsäure und kieselsaure Erden eine blaue unschmelzbare Masse, Zinkoxyd und Titansäure eine gelblich-grüne, Antimonsäure und Niobsäure eine schmutzig-grüne, Bittererde eine fleischrothe, Baryt eine braune oder ziegelrothe, Kalk und Strontian eine graue, Zinnoxyd eine bläulich-grüne Masse.

5. Eine kleine Probe des Körpers wird in einer schräggehaltenen an beiden Enden offenen Glasröhre erhitzt.

Man bemerkt:

a. Riechende Gase. Schwefelmetalle (Geruch nach schwefliger Säure), Selenmetalle (Rettiggeruch), Arsenmetalle (Knoblauchgeruch), Ammoniak und Ammoniakverbindungen, Fluormetalle (auf Zusatz von Phosphorsalz).

b. Metallischen Anflug. Arsen, Quecksilber, Jod (violette Dämpfe), Antimon.

c. Weissen Anflug. Arsenmetalle, Antimonmetalle, Tellurmetalle, Bleiglanz, Ammoniakverbindungen.

d. Geschmolzenes Sublimat. Schwefelmetalle (braungelb), Selenmetalle (schwarzroth).

e. Wassertropfen. Hydrate.

6. Man verfertigt sich eine Boraxperle oder Phosphorsalzperle, bringt eine kleine Probe des Körpers daran und erhitzt.

Die Perle ist

a. Farblos:

α. Phosphorsalzperle.

* Im Oxydationsfeuer. Kieselerde (Skelett), Thonerde,

Zinnoxyd, alkalische Erde und Erden, Tantal-, Niob-, Titan-, Wolframsäure, Zink-, Cadmium-, Blei-, Wismuth-, Antimonoxyd.
** Im Reductionsfeuer. Kieselerde, Thonerde, alkalische Erden und Erden, Cer-, Didym-, Mangan- und Zinnoxyd.
β. Boraxperle.
* Im Oxydationsfeuer. Dieselben Körper wie bei der Phosphorsalzperle, auch noch Silberoxyd und tellurige Säure.
** Im Reductionsfeuer. Dieselben Körper wie bei der Phosphorsalzperle, ausserdem noch Lanthan- und Kupferoxyd (heiss).
b. Gelb:
α. Phosphorsalzperle.
* Im Oxydationsfeuer. Eisenoxyd, Ceroxyd, Vanadinsäure, Uranoxyd, Silberoxyd, Nickeloxydul.
** Im Reductionsfeuer. Eisenoxyd, Titansäure.
β. Boraxperle.
* Im Oxydationsfeuer. Uranoxyd, Eisenoxyd, Vanadinsäure, Blei-, Wismuth-, Antimonoxyd.
** Im Reductionsfeuer. Wolframsäure, Titan-, Vanadin-, Molybdänsäure.
c. Roth:
α. Phosphorsalzperle.
* Im Oxydationsfeuer. Eisen-, Cer-, Chromoxyd, Nickeloxydul.
** Im Reductionsfeuer. Eisenoxyd, eisenhaltige Titan- und Wolframsäure (blutroth).
β. Boraxperle.
* Im Oxydationsfeuer. Ceroxyd, Eisenoxyd, Nickeloxydul.
** Im Reductionsfeuer. Kupferoxyd.
d. Violett:
α. Phosphorsalzperle.
* Im Oxydationsfeuer. Mangan-, Didymoxyd.
** Im Reductionsfeuer. Titan-, Niobsäure.
β. Boraxperle.

* Im Oxydationsfeuer. Mangan-, Didymoxyd, kobalthaltiges Nickeloxydul.
e. Blau:
α. Phosphorsalzperle.
* Im Oxydationsfeuer. Kobaltoxydul, Kupferoxyd.
** Im Reductionsfeuer. Kobaltoxydul, Wolframsäure, Niobsäure.
β. Boraxperle.
* Im Oxydationsfeuer. Kobaltoxydul, Kupferoxyd.
** Im Reductionsfeuer. Kobaltoxydul.
f. Grün:
α. Phosphorsalzperle.
* Im Oxydationsfeuer. Kupferoxyd, Molybdänsäure, Chromoxyd, Uranoxyd, kobalt- und kupferhaltiges Eisenoxyd.
** Im Reductionsfeuer. Chrom-, Uranoxyd, Vanadin-, Molybdänsäure.
β. Boraxperle.
* Im Oxydationsfeuer. Chromoxyd, Vanadinsäure, Kupferoxyd, kobalt- und kupferhaltiges Eisenoxyd.
** Im Reductionsfeuer. Eisenoxyd, Uranoxyd, Chromoxyd, Vanadinsäure.
g. Grau:
α. Phosphorsalzperle.
** Im Reductionsfeuer. Silber-, Zink-, Cadmium-, Blei-, Wismuth-, Antimonoxyd, Tellurige Säure, Nickeloxydul.
β. Boraxperle.
** Im Reductionsfeuer. Wie die Phosphorsalzperle auch Niobsäure.

II. Analyse auf nassem Wege.

Behufs dieser Analyse müssen feste Körper in Lösung gebracht werden, und lässt sich aus der Analyse auf trockenem Wege ersehen, welches Lösungsmittel in Anwendung gebracht werden muss. Würde z. B. Silber oder Blei gefunden, so darf man nicht mit Salzsäure lösen, sondern muss zur Salpetersäure seine Zuflucht nehmen. Man vermeidet auch womöglich das Lösen in einer Säure, auf die geprüft werden muss, und überzeugt sich von der Gegenwart oder Abwesenheit der Säure, die als Lösungsmittel benutzt wurde, mit der Lösung in einer anderen Säure. Die Natur des zu untersuchenden Körpers macht oft das Analysiren verschiedener Lösungen (in verschiedenen Lösungsmitteln) nöthig. Oft lässt sich schon durch blosse mechanische Trennung und Untersuchung der getrennten Theile für sich die Analyse vereinfachen und ein sichereres Resultat erzielen.

Im Allgemeinen verfährt man so:
1. Ein Theil des feinzerriebenen Körpers wird mit Wasser in einem Glaskölbchen erwärmt. Er löst sich entweder ganz oder theilweise oder ist ganz unlöslich. Man filtrirt, wenn ein Rückstand geblieben, ab, und überzeugt sich durch Eindampfen eines Tropfens des Filtrates auf blankem Platinblech von etwa stattgehabter Lösung. Ist dieses der Fall, so kocht man wiederholt das Ungelöste mit Wasser aus, vereinigt die Filtrate und stellt sie einstweilen, mit A bezeichnet, bei Seite.
2. Der im Wasser unlösliche Rückstand wird nun zuerst mit verdünnter, hernach mit concentrirter Salzsäure gekocht. Man beobachtet hierbei das Entweichen von Kohlensäure, wenn kohlensaure Salze vorhanden (durch Einleiten des Gases in Kalkwasser an der Trübung erkennbar), von Schwefelwasserstoff, wenn Schwefelmetalle vorhanden (durch mit essigsaurer Bleioxydlösung getränktes Papier, an dem beim Darüberhalten entstehenden schwarzen Fleck erkennbar), von Blausäure, wenn Cyanmetalle vorhanden (Geruch nach bittern Mandeln), von Chlor, wenn Hyperoxyde oder chromsaure Salze vorhanden waren. Löst sich der Körper auch in Salzsäure nicht vollkommen auf, so filtrirt man ab, überzeugt sich von stattgehabter Lösung durch Eindampfen eines Tropfens auf Platinblech und stellt die mit B signirte Lösung ebenfalls bei Seite.
3. War der Körper in Salzsäure unlöslich, so versucht man eine neue Probe durch Kochen mit Salpetersäure zu lösen. Hat man es mit regulinischen Metallen zu thun, so bleibt Gold und Platin ungelöst, Antimon und Zinn werden oxydirt,

die Oxyde bleiben ebenfalls ungelöst zurück, die übrigen Metalle gehen in Lösung (mit Ausnahme einiger selten vorkommenden). Antimonoxyd lässt sich vom Zinnoxyd durch Weinsäure trennen, ersteres wird durch sie gelöst, letzteres bleibt ungelöst zurück. Die weinsaure Lösung des Antimonoxyds wird durch Schwefelwasserstoff orange gelb gefällt und giebt das erhaltene Schwefelantimon, nachdem es durch Lösen in Salzsäure entschwefelt, im Marsh'schen Apparat einen in unterchlorigsaurem Natron unlöslichen Metallspiegel. Das Zinnoxyd mit Soda gemengt und auf Kohle vor dem Löthrohr reducirt, giebt ein dehnbares Metallkorn, welches in Salzsäure gelöst, mit Goldchlorid eine violettrothe Fällung, Goldpurpur, oder mit Quecksilberchlorid eine weisse Fällung, Quecksilberchlorür, giebt. Ist der Körper auch in Salpetersäure nicht vollkommen löslich, so filtrirt man ab, prüft das Filtrat auf gelöste Bestandtheile wie oben angegeben, und signirt mit C.

4. Der von Wasser, Salz- oder Salpetersäure nicht gelöste Theil des Körpers wird in der Wärme mit Königswasser behandelt. Findet auch hier keine vollkommene Lösung statt, so bezeichnet man die filtrirte Lösung mit D und stellt sie ebenfalls einstweilen bei Seite.

5. Der in Wasser und Säuren unlösliche Rückstand wird aufgeschlossen. Er kann aus Kohle, Schwefel, Chlor-, Brom-, Jodsilber, Quecksilberchlorür, Chlorblei, Schwefelblei, Schwefelmolybdän, Schwefelzinn, Schwefelarsen, Schwefelquecksilber, Chromoxyd (Chromeisenstein), Zinnoxyd, Antimonsäure, Thonerde oder Aluminaten, Kieselerde oder Silicaten, Fluormetalle (Flussspath), schwefelsaurem Bleioxyd, schwefelsaurem Baryt, Strontian, Kalk, Eisencyanmetallen, regulinischen Metallen (Osmium, Iridium), Titan-, Wolfram-, Niob- und Tantalsäure bestehen.*) Die Kohle verbrennt beim starken

---

*) Bei energischer Behandlung mit Lösungsmitteln dürften viele der hier genannten Körper nicht mehr vorhanden, sondern schon in Lösung übergegangen sein. Es schien aber dennoch ihre Erwähnung nicht überflüssig.

Glühen im offenen Platintiegel und verpufft mit Salpeter geschmolzen unter Bildung von kohlensaurem Kali, welches am Aufbrausen beim Uebergiessen mit Salzsäure und beim Einleiten des entweichenden Gases in Kalkwasser an der Trübung zu erkennen ist. (Diamant verbrennt nicht, verpufft nicht mit Salpeter, Graphit bleibt vor dem Löthrohr fast unveränderlich). Der Schwefel ist wohl schon zum grössten Theil oder ganz oxydirt bei der Behandlung mit Salpetersäure oder Königswasser. Er verbrennt ebenfalls vollkommen und verbreitet dabei Geruch nach schwefliger Säure, ist in Aetzkali löslich und giebt die Lösung mit 1 Tropfen Nitroprussidnatriumlösung eine schöne Purpurfarbe. Die Chlor-, Brom-, Jod- und Schwefelmetalle hinterlassen beim Glühen mit kohlensaurem Natron-Kali regulinische Metalle, welche durch Säuren in Lösung gebracht, weiter geschieden werden können, während Chlor, Brom, Jod und Schwefel an Alkali gebunden, in wässrige Lösung gebracht werden können, die ebenfalls weiter zu untersuchen ist. Zinnoxyd und Antimonsäure werden nach dem Schmelzen mit kohlensaurem Kali löslich in Säuren, beim Chromoxyd setzt man vor dem Schmelzen etwas Salpeter zu. Während das Chromoxyd an der grünen Phosphorsalzperle zu erkennen, werden Zinnoxyd und Antimonsäure durch die Färbung mit Schwefelammonium erkannt. Aluminate und Silicate werden nach dem Schmelzen mit kohlensaurem Alkali mit Salzsäure behandelt, die Lösung zur Trockene verdampft und der Rückstand mit Salzsäure und Wasser ausgezogen. Die Kieselsäure bleibt als Gallerte ungelöst zurück, während Thonerde und die alkalischen Erden in Lösung gehen. Man erkennt vorläufig die Aluminate an der Eigenschaft mit Koboltsolution befeuchtet, auf Kohle vor dem Löthrohr erhitzt, eine blaue Masse zu geben, die Silicate am Skelett in der Phosphorsalzperle. Die Fluormetalle und schwefelsauren Erden, sowie das schwefelsaure Bleioxyd, werden ebenfalls durch Schmelzen mit kohlensaurem Alkali zerlegt. Man laugt den Rückstand mit Wasser durch Kochen aus und erhält in der Lösung die Säuren an Alkali gebunden, in dem jetzt in

Salzsäure löslichen Rückstande, die Basen. Die seltener vorkommenden unlöslichen Metalle können durch Glühen mit Aetzkali und chlorsaurem Kali, die seltener vorkommenden unlöslichen Säuren (Titansäure u. s. w.) durch Glühen mit schwefelsaurem oder kohlensaurem Kali aufgeschlossen werden. Erstere charakterisiren sich durch ihren Glanz, letztere durch die Färbung der Phosphorsalzperle und durch die Färbung mit Salzsäure und Zink. Zum Aufschliessen bedient man sich lieber des kohlensauren Natron-Kalis als der Soda, weil ersteres leichter schmilzt, und verwendet die 3—4fache Menge davon zu der einfachen Menge des zu untersuchenden Körpers, welcher fein zerrieben sein muss. Sehr harte, schwer zerreibbare Körper lassen sich meist besser pulvern, wenn man sie vorher stark erhitzt und dann in kaltes Wasser wirft, sie werden dadurch mürbe. Will man auf Alkalien prüfen, so muss mit Barythydrat oder Fluorbaryum aufgeschlossen werden. Die geschmolzene Mischung wird mit Wasser, Salzsäure, nöthigenfalls Salpetersäure und Königswasser in successiver Anwendung gelöst, die Lösungen mit E., F., G., H. bezeichnet.

Nachdem nun so der ganze Körper in Lösung gebracht, wird zur Analyse der einzelnen Lösungen geschritten. Der weitere Gang der Analyse zerfällt in die Prüfung auf Basen und in die auf Säuren und deren Stellvertreter.

A. Prüfung auf Basen.

A. Flüssigkeit, wässerige Lösung oder wässeriger Auszug des zu untersuchenden Körpers.

  a. Die Flüssigkeit reagirt sauer, neutral oder alkalisch, wenn freie Säuren manche Metallsalze, oder freie Alkalien oder Alkalien mit schwacher Säure (Kohlensäure) vorhanden.

  b. Man verdünnt mit etwas Wasser, wobei eine Trübung Wismuth, Antimon oder Blei anzeigt. In diesem Falle filtrirt man den Niederschlag ab, reducirt denselben mit Soda auf Kohle vor dem Löthrohre und erhält durch die Beschaffenheit des Metallkorns und Beschlags Aufschluss über das Vorhandensein eines dieser Metalle (siehe 3 sub a der Analyse auf trockenem Wege). Behandelt man das Metallkorn mit Salpetersäure, so wird Antimon oxydirt, nicht aber gelöst (Oxyd in Weinsäure löslich durch Schwefelwasserstoff daraus orangegelb fällbar), Blei und Wismuth gehen in Lösung. Aus der Lösung fällt Schwefelsäure das Blei und Ammoniak aus dem Filtrate Wismuthoxydhydrat.

c. Die verdünnte und, wenn ein Niederschlag erfolgte, filtrirte Flüssigkeit wird mit Salzsäure (einigen Tropfen) bis zur sauren Reaction (hat man Silber oder Quecksilberoxydul oder Blei zu vermuthen, mit Salpetersäure) versetzt. Reagirt die Flüssigkeit schon sauer, so ist es immer nöthig, durch Zusatz einiger Tropfen Säure das sichere Vorhandensein freier Säure zu erzielen, weil sonst die Trennung der Metalle mittelst Schwefelwasserstoff viel umständlicher sein würde. Entsteht beim Zusatz der Säure ein Aufbrausen ohne Geruch, so war Kohlensäure vorhanden. Man erkennt dieselbe in Kalkwasser geleitet an der Trübung. Aufbrausen mit faulem Geruch verräth Schwefelwasserstoff, welcher darübergehaltenes Bleipapier schwärzt. Geruch nach schwefliger Säure oder bitteren Mandeln beweist schweflige Säure oder Blausäure. Sind überchlorsaure, chlorsaure, unterchlorsaure, chromsaure Salze oder Hyperoxyde vorhanden, so entwickelt sich Chlor. Entsteht bei Zusatz von Salzsäure ein weisser Niederschlag, so kann derselbe von Blei, Quecksilberoxydul, Silber, Kieselsäure, kohlensauren und weinsauren Alkalien, Borsäure, Benzoësäure u. s. w. herrühren; bei concentrirter Flüssigkeit können auch verschiedene durch Salzsäure entstandene, schwer lösliche Chlormetalle fallen, welche letztere sich bei Zusatz von Wasser auflösen. Ist der Niederschlag gallertartig und weiss, so besteht er aus Kieselsäure (Skelett in der Phosphorsalzperle); löst er sich ganz oder theilweise beim Erwärmen in Wasser und lässt sich die Lösung durch Schwefelsäure weiss fällen, so war Blei vorhanden; geht der in Wasser unlösliche Theil mit Salmiakgeist eine theilweise oder völlige Lösung ein, die durch Säuren weiss gefällt werden kann, so war Silber vorhanden; bleibt bei der Behandlung mit Salmiakgeist ein schwarzer Rückstand, so ist Quecksilberoxydul bewiesen. Glüht man einen Theil des Niederschlages und übergiesst ihn dann mit Salzsäure, so braust er auf, wenn Weinsäure vorhanden war. In diesem Falle schwärzt er sich beim Glühen. Uebergiesst man ihn mit Weingeist und erhält angezündet eine grüne Flamme, so ist Borsäure vorhanden. Hatte man eine alkalisch reagirende Flüssigkeit, so können darin Schwefelmetalle gelöst sein, die bei Zusatz von Salzsäure ausgeschieden werden. Man versucht in diesem Falle, den Niederschlag wie II, sub 1—5 angegeben zu lösen, und verfährt mit der Lösung wie dort.

d. Die mit Salz- oder Salpetersäure angesäuerte und, wenn ein Niederschlag entstand, von demselben abfiltrirte Flüssigkeit wird mit Schwefelwasserstoffgas (oder Schwefelwasserstoffwasser) stark gesättigt, was durch deutlichen Geruch nach dem Umschütteln erkannt wird. Hierbei tritt weisse Fällung von Schwefel ein, wenn Eisenoxyd oder Chromsäure vorhanden (ersteres wird dabei in Oxydul, letztere in Oxyd verwandelt), eine gelbe bei Gegenwart von Arsen, Cadmium oder Zinnoxyd (AsS_3, CdS, SnS_2), eine orangegelbe, durch Antimonoxyd, Antimonsäure oder selenige Säure (SbS_3, SbS_5, SeS_2), eine braune, durch Zinnoxydul oder Wismuthoxyd (SnS, BiS_3), eine schwarzbraune, durch Platinoxyd oder Goldoxyd (PtS_2, AuS_3), eine schwarze, durch Quecksilberoxydul, Quecksilberoxyd, Silberoxyd, Bleioxyd oder Kupferoxyd ($Hg_2S, HgS, AgS, PbS, CuS$). Von den seltenern Metalllen fällt Schwefelwasserstoff aus saurer Lösung Iridium, Molybdän, Osmium, Rhodium, Ruthenium, Palladium und Tellur. Sind mehrere dieser Metalle zugleich vorhanden, so ist der Niederschlag missfarbig. Man filtrirt den Niederschlag ab, überzeugt sich durch abermaliges Einleiten von Schwefelwasserstoff in das Filtrat von vollständig stattgehabter Fällung und behandelt denselben:

As. *α.* mit anderthalb-kohlensaurem Ammoniak bei gelinder Wärme. In Lösung geht nur das Schwefelarsen, welches durch Säuren als gelber Niederschlag wieder ausgefüllt werden kann, der mit Soda und Kohle oder Soda und Cyankalium gemengt und in einem an einem Ende verschlossenen Glasröhrchen erhitzt, einen in unterchlorigsaurem Natron löslichen Metallspiegel und den Geruch nach Knoblauch giebt.

β. Der in anderthalb-kohlensaurem Ammoniak unlösliche Theil des durch Schwefelwasserstoff erzeugten Niederschlages wird mit Schwefelammonium digerirt. Es lösen sich als Doppelsulphide: Schwefelzinn (SnS und SnS_2), Schwefelantimon, Schwefelgold und Schwefelplatin. Ferner werden gelöst die Schwefelverbindungen des Iridiums, Molybdäns, Selens und Tellurs. Man fällt die Lösung mit Salzsäure aus und behandelt den Niederschlag mit concentrirter heisser Salzsäure, wobei Zinn und Antimon gelöst werden, Gold und Platin ungelöst zurückbleiben. Verdünnt man die Lösung mit viel Wasser, so fällt das Antimon als Algarothpulver ($SbCl_3 + 5SbO_3$) aus, welches Sb. in Weinsäure löslich ist, während Schwefelwasserstoff das Zinn im Filtrate kaffeebraun fällt, der Niederschlag (von Schwefelzinn) mit Soda gemengt und auf Kohle reducirt, Sn. ein weiches Metallkorn giebt, welches die grüne Kupferperle rothbraun färbt. Man kann die salzsaure Lösung des Zinns und Antimons auch in den Marsh'schen Apparat bringen und erhält vom Antimon einen in unterchlorigsaurem Natron unlöslichen Metallspiegel (Unterschied vom Arsenspiegel), wobei sich das Zinn in der Flüssigkeit als schwarzes Metallpulver ausscheidet, welches abgeschlämmt und in Salzsäure gelöst, mit Quecksilberchlorid eine graue oder weisse Fällung giebt (von metallischem Quecksilber oder Quecksilberchlorür). Das in Salzsäure unlösliche Schwefelgold und Schwefelplatin wird in Königswasser gelöst, die Lösung auf Gold mit zinnchloridhaltigem Zinnchlorür (purpurrother Niederschlag Au. von Goldpurpur) oder mit Eisenvitriol (brauner Niederschlag von metallischem Gold), auf Platin mit Kali Pt. oder Ammoniak bei freier Salzsäure, oder mit Salzsäure und Salmiak [gelber Niederschlag von Platinsalmiak ($PtCl_2 + H_4NCl$)] geprüft. Von den seltenen Metallen muss das Molybdän erwähnt werden. Das Schwefelmolybdän Mo.

giebt beim Rösten Molybdänsäure, die mit Zink und Salzsäure blau wird und mit Phosphorsalz eine gelbgrüne Perle giebt.

γ. Der in anderthalb-kohlensaurem Ammoniak und Schwefelammonium unlösliche Rückstand des durch Schwefelwasserstoff erzeugten Niederschlages kann nur Schwefelsilber oder Quecksilbersulphür (Hg_2S) enthalten, wenn zum Ansäuern der Flüssigkeit Salpetersäure nicht aber Salzsäure genommen worden war. Er wird mit Salpetersäure behandelt. Als unlöslicher Rückstand bleiben Schwefelquecksilber, Schwefel und etwa gebildetes schwefelsaures Bleioxyd.

PbO, SO_3. Das schwefelsaure Bleioxyd löst sich in basisch-weinsaurem Ammoniak, aus welcher Lösung es Schwefelwasserstoff wieder fällt (Prüfung des Niederschlages auf Kohle mit Soda

Hg_2S. HgS. siehe I sub 3—a). Das Schwefelquecksilber löst sich in Königswasser und wird die Lösung durch Zinnchlorür weiss, beim Ueberschuss des Fällungsmittels, metallisch gefällt.

S. Schwefel verbrennt mit Geruch nach schwefliger Säure, sublimirt, in einem Glasröhrchen erhitzt, braun, in der Kälte gelblich werdend, ist in Aetzkali löslich und giebt die kalische Lösung mit 1 Tropfen Nitroprussidnatrium purpurrothe Färbung. Fand man Quecksilber, so muss die ursprüngliche Lösung mit Salzsäure auf Queksilberoxydul, das Filtrat, wenn ein Niederschlag entstand, auf Quecksilberoxyd mit Zinnchlorür geprüft werden.

Die salpetersaure Lösung des Niederschlages wird:

Pb. a. mit verdünnter Schwefelsäure versetzt, wodurch das Blei als schwefelsaures Bleioxyd (PbO, SO_3) gefällt wird, welches in basisch-weinsaurem Ammoniak gelöst, durch chromsaures Kali daraus gelb gefällt werden kann.

b. Die vom Niederschlage a abfiltrirte Flüssigkeit wird

Ag. mit Salzsäure versetzt. Entsteht hierdurch ein in Ammoniak löslicher, durch Salpetersäure wieder fällbarer Niederschlag (Ag Cl), so ist Silber bewiesen.

c. Das Filtrat vom Niederschlag b wird mit überschüs-

Bi. sigem Ammoniak versetzt, wodurch Wismuthoxyd gefällt wird, welches in Salzsäure gelöst, Wasser trübt.

d. Das Filtrat vom Niederschlag c ist bei Gegenwart von Kupfer blau gefärbt. Es wird in zwei Theile getheilt, der eine Theil angesäuert und mit Ferrocyankalium versetzt, wodurch Kupfer braunroth gefällt wird ($2Cu_2$, Cfy). Der andere Theil wird mit Schwefelwasserstoff bei Abwesenheit des Kupfers, bei Anwesenheit des Kupfers, nachdem die ammoniakalische Lösung mit Cyankalium bis zur Entfärbung versetzt worden, gefällt. Das Cadmium fällt als gelbes Schwefelcadmium nieder. Cu. Cd.

e. Ist Palladium vorhanden, so wird die ursprüngliche Flüssigkeit mit Jodkalium schwarz gefällt. Pd.

e. Die von dem durch Schwefelwasserstoff erzeugten Niederschlage d abfiltrirte Flüssigkeit wird, wenn sie noch gelöste Bestandtheile (ausser Schwefel von Schwefelwasserstoff herrührend) enthält, mit Ammoniak neutralisirt und mit Salmiak und Schwefelammonium versetzt. Es werden als Schwefelmetalle: Zinkoxyd (ZnS) weiss, Manganoxydul (MnS) fleischroth, Uranoxydul und Uranoxyd schwarzbraun, Eisenoxydul und Eisenoxyd, Kobaltoxydul und Nickeloxydul (FeS, CoS, NiS) schwarz gefällt. Als Oxyde fallen (auch durch Ammoiak fällbar) Thonerde und Beryllerde farblos, Chromoxyd grün, Tantalsäure, Niobsäure, Ceroxydul, Lanthanoxyd, Didymoxyd, Yttererde, Erbiumoxyd, Terbiumoxyd, Zirkonerde, Thorerde, Titansäure weiss. Als Salze (auch durch Ammoniak fällbar) werden gefällt: Bittererde (bei Gegenwart von Phosphorsäure) krystallinisch, Kalk, Strontian und Baryt (bei Gegenwart von Phosphorsäure oder Oxalsäure) weiss. Die Trennung dieser Niederschläge ist mit etwas Schwierigkeit verbunden.

α. Man erwärmt den Niederschlag gelinde mit verdünnter Salzsäure. Kobalt und Nickel bleiben ungelöst zurück; sie werden in concentrirter Salzsäure mit Zusatz einiger Tropfen Salpetersäure gelöst und in die durch Erwärmen vom Schwefelwasserstoff befreite und filtrirte Lösung Chlorgas zur Sättigung eingeleitet. Man stumpft mit Soda die freie Säure ab, bringt kohlensauren Baryt im Ueberschuss zu, wodurch Kobalt vollkommen ausgefällt Co.

Behandeln des $H_4NS + HS$-Niederschlages mit KO.

Ni. wird, während Nickel in Lösung bleibt und nach dem Ausfällen des Baryts mit Schwefelsäure, durch Natron niedergeschlagen werden kann. Man prüft nun beide getrennt vor dem Löthrohre; Kobalt giebt eine blaue Boraxperle, Nickel eine rothbraune.

β. Die salzsaure Lösung des durch Schwefelammonium erzeugten Niederschlags wird mit Salpetersäure oder chlorsaurem Kali (um Eisenoxydul in Oxyd überzuführen) gekocht, mit überschüssigem Aetzkali gefällt, und der entstandene Niederschlag mit Aetzkali digerirt. Es sind in kalischer Lösung Chromoxyd, Zinkoxyd, Thonerde, phosphorsaure Thonerde. Man kocht das Filtrat längere Zeit,

Cr_2O_3. wodurch das Chromoxyd, welches eine grüne Boraxperle giebt, ausgeschieden wird. Die vom Chromoxyd abfiltrirte Flüssigkeit wird in 2 Theile getheilt, der eine Theil

Al_2O_3. mit Salzsäure angesäuert und mit kohlensaurem Ammoniak die Thonerde daraus gefällt, welche mit Kobaltsolution befeuchtet und auf Kohle stark geglüht, eine blaue unschmelzbare Masse giebt; der andere Theil mit

Zn. Schwefelwasserstoff gesättigt, wodurch Zink gefällt wird, welches mit Soda gemengt und auf Kohle vor dem Löthrohr erhitzt, einen in der Hitze gelben, in der Kälte weissen Beschlag giebt.

γ. Der durch Aetzkali erhaltene Niederschlag (β) wird in Salzsäure gelöst und die Lösung mit Salmiak und Ammo-

Mn. niak versetzt. In Lösung bleibt das Mangan (Bittererde, Zinkoxyd), welches nach dem Abdampfen und Versetzen des Rückstandes mit Soda und Salpeter beim Glühen eine blaugrüne Masse giebt. Das Mangan lässt sich auch aus dem gesammten durch Schwefelammonium erzeugten Niederschlage mit Essigsäure ausziehen.

δ. Der durch Salmiak und Ammoniak (γ) entstandene Niederschlag kann durch Digestion mit concentrirter Lösung von anderthalb-kohlensaurem Ammoniak von den selteneren Erden befreit werden, wenn solche vermuthet werden müssen. Er wird in wenig Salzsäure gelöst, und die Lösung in getrennten Portionen geprüft:

Prüfung auf Fe, alkalische Erden, PO$_5$ und $\bar{\text{O}}$.

a. Auf Eisenoxyd, mit Blutlaugensalz (blauer Niederschlag). **Fe.** Wird Eisenoxyd gefunden, so muss die ursprüngliche Lösung auf Eisenoxydul, mit Ferridcyankalium und auf Eisenoxyd, mit Ferrocyankalium geprüft werden.
b. Auf Baryt, mit Kieselfluorwasserstoffsäure, Gyps- oder **Ba.** Cölestinlösung.
c. Auf Strontian, bei Abwesenheit des Baryts, mit Gyps- **Sr.** solution, bei Anwesenheit des Baryts, mit Gypssolution in der durch Kieselfluorwasserstoffsäure vom Baryt befreiten Lösung.
d. Auf Kalk, mit Oxalsäure (besser oxalsaurem Ammoniak). **Ca.** Sind Baryt oder Strontian, oder beide vorhanden, so müssen diese zuvor mit schwefelsaurem Kali gefällt werden.
e. Auf Bittererde, mit phosphorsaurem Natron, nachdem **Mg.** die Flüssigkeit durch essigsaures Natron essigsauer, durch Eisenchlorid bis zur röthlichen Färbung versetzt und zum Sieden erhitzt, von der Phosphorsäure, durch kohlensaures Ammoniak vom Baryt, Strontian und Kalk befreit worden war.
f. Auf Phosphorsäure, mit einem Tropfen Eisenchlorid, **PO$_5$.** nachdem mit essigsaurem Natron essigsauer gemacht worden war, oder mit molybdänsaurem Ammoniak, wobei zum Sieden erhitzt werden muss (gelber Niederschlag).
g. Auf Oxalsäure bei Gegenwart des Kalkes oder Baryts $\bar{\text{O}}$. dadurch, dass man mit essigsaurem Natron essigsauer macht, bei Abwesenheit des Kalkes, mit essigsaurem Natron und Kalkwasser. Der weisse Niederschlag giebt beim Glühen Kohlensäure, welche Kalkwasser trübt, und Kohlenoxydgas, welches mit hellblauer Flamme verbrennt.
h. Auf Fluor, mit der ursprünglichen Substanz durch Ver- **Fl.** setzen derselben mit concentrirter Schwefelsäure, wodurch glasätzendes Fluorwasserstoffgas frei wird, oder bei vorhandener Kieselsäure sich Fluorsilicium ausscheidet, welches mit Wasser eine Fällung giebt.

34 **Prüfung auf alkalische Erden.**

f. Die vom Schwefelammoniumniederschlage abfiltrirte, von Metallen und Erden freie Flüssigkeit wird, wenn sie noch gelöste, feuerbeständige Substanzen enthält, mit Salzsäure angesäuert, durch Erwärmen vom Schwefelwasserstoff befreit, vom ausgeschiedenen Schwefel abfiltrirt und mit überschüssigem Salmiak, Ammoniak und kohlensaurem Ammoniak versetzt. Hierdurch werden Baryt, Strontian und Kalk als kohlensaure Salze gefällt, Bittererde (durch Salmiak in Lösung gehalten) und die Alkalien bleiben in Lösung. Der erhaltene Niederschlag wird in Salzsäure gelöst, und die Lösung in getrennten Portionen geprüft.

Ba. *a.* Auf Baryt, mit Gypssolution, wodurch sogleich ein Niederschlag entsteht (vom Strontian entsteht er erst nach einiger Zeit). Sind Baryt und Strontian zugleich vorhanden, so prüft man

b. auf Baryt, mit Kieselfluorwasserstoffsäure (weisser Niederschlag), und reagirt im Filtrate

Sr. *c.* auf Strontian, mit Gypssolution oder man zieht

d. die durch Abdampfen erhaltenen trockenen Chlormetalle mit Alkohol aus, in welchem sich bloss Chlorstrontium löst, welches der Flamme eine carminrothe Farbe ertheilt.

e. Baryt und Strontian lassen sich ferner mit Chlornatrium und Gypssolution trennen, da bei Gegenwart des Chlornatriums wohl der Baryt, nicht aber Strontian gefällt wird.

Ca. *f.* Die durch schwefelsaures Kali (oder verdünnte Schwefelsäure) vom Baryt und Strontian befreite Lösung wird mit Ammoniak alkalisch gemacht und mit oxalsaurem Ammoniak versetzt, wodurch der Kalk als oxalsaurer Kalk gefällt wird. Der Niederschlag giebt geglüht Kohlensäure und Kohlenoxydgas.

g. Die durch Salmiak, Ammoniak und kohlensaures Ammoniak vom Baryt, Strontian und Kalk befreite Flüssigkeit wird, wenn sie noch feuerbeständige Bestandtheile gelöst enthält, in 2 Theile getheilt und der eine Theil mit phosphorsaurem Natron oder phosphorsaurem Ammoniak ver-

Mg. setzt. Die Magnesia wird als basisch-phosphorsaure Ammoniak-Magnesia ($H_4 NO, 2MgO, PO_5$) gefällt.

Prüfung auf Alkalien.

h. Der andere Theil der Flüssigkeit (g) wird mit Schwefelsäure zur Trockene verdampft, der Rückstand in **Wasser** gelöst, die Schwefelsäure aus der Lösung mit Baryt entfernt, das Filtrat aufs Neue abgedampft und der Rückstand geglüht. Man zieht den Glührückstand mit Wasser aus, in welchem blos Kali, Natron, Lithion, Rubidium und Cäsium gelöst werden. Die Lösung wird in getrennten Portionen geprüft.

   a. Auf Kali, mit **überschüssiger** (damit sich saures Salz K. bilden kann) Weinsteinsäure (weisser, krystallinischer, namentlich durch Umrühren mit einem Glasstabe sich leicht ausscheidender Niederschlag) oder mit Platinchlorid (der gelbe Niederschlag scheidet sich auf Zusatz von Alkohol leichter ab).

   b. Auf Natron, mit antimonsaurem Kali, wodurch ein weisser Na. Niederschlag oft erst nach einiger Zeit entsteht, dessen Abscheidung durch Umrühren mit einem Glasstabe begünstigt wird.

   c. Das Lithion giebt nach dem Einkochen der Lösung mit Li. kohlensaurem und phosphorsaurem Natron ein schwer lösliches Salz (phosphorsaures Natron-Lithion), welches beim Ausziehen des Rückstandes mit Wasser zurückbleibt. Das Chlor-Lithion ist in einem Gemische von wasserfreiem Aether und Alkohol löslich und ertheilt der Lösung eine carmīnrothe Flammenfarbe.

Auf Ammoniak muss die ursprüngliche Substanz mit H_3N. Aetzkali, wie bei der Analyse auf trockenem Wege 1 sub h angegeben, geprüft werden.

Cäsium und Rubidium verhalten sich gegen Reagentien wie das Kalium und können durch Spectralanalyse neben einander erkannt werden. Das Chlorplatinkalium ist in Wasser am leichtesten, das Chlorplatinrubidium schwerer, das Chlorplatincäsium am schwersten löslich.

Die Lösungen B., C., D., E., F., G. und H. werden in gleicher Weise, wie die Lösung A. analysirt. In der Lösung E. findet man die Alkalien, wenn mit Barythydrat aufgeschlossen worden war.

B. Prüfung auf Säuren und deren Stellvertreter.

Die Nachweisung der Säuren ist nicht so einfach als die der Basen, sie lässt sich nicht in einen so abgegrenzten Gang bringen, als es dort möglich war. Die Combinationen verschiedener Reactionen geben oft erst ein sicheres Resultat. Die Analyse auf trockenem Wege gab schon das Vorhandensein mancher Säuren an, die gefundenen Metalle schliessen oft die Gegenwart mancher Säuren aus, beim Ansäuern der Lösung, so wie im ferneren Laufe der Prüfung auf Basen stiess man schon auf einige Säuren. So konnten arsenige Säure, Arsensäure, Bromsäure, Bernsteinsäure, Borsäure, Chlorsäure, Chromsäure, Essigsäure, Hydrothionsäure, Kohlensäure, Kieselsäure, Molybdänsäure, Phosphorsäure, Schwefelsäure, schweflige Säure, Salpetersäure, Weinsäure, Oxalsäure u. s. w. gefunden oder wenigstens vermuthet werden. Es ist hier nicht überflüssig, folgenden allgemeinen Versuch anzustellen.

a. Eine kleine Probe des zu untersuchenden Körpers wird, wenn er fest ist (Lösungen müssten erst zur Trockene verdampft werden), mit dem 3—4fachen Volumen concentrirter Schwefelsäure übergossen und erwärmt.

1. Es entwickelt sich kein Gas, die Verbindung schwärzt sich nicht beim Glühen. — Kieselsäure (Skelett in der Phosphorsalzperle), Borsäure (grüne Weingeistflamme nach Zusatz von Schwefelsäure), Phosphorsäure (aus neutraler Lösung durch Bittererde, Salmiak und Ammoniak, aus saurer, durch Eisenchlorid und essigsaures Natron fällbar), Arsensäure (Knoblauchgeruch beim Glühen mit Soda auf Kohle), Schwefelsäure (Hepar mit Soda auf Kohle geglüht), Selensäure (das Barytsalz wird durch Kochen mit conc. Salzsäure zersetzt), Wolframsäure (mit Zink und Salzsäure blau), Molybdänsäure (wird mit Zink und Salzsäure blau, dann braun), Titansäure (wird mit Zink und Salzsäure violett), Jodsäure (bei Zusatz von Eisenvitriol violette Dämpfe, Verpuffen auf Kohle).

2. Es entwickelt sich ein gefärbtes Gas, die Verbindung schwärzt sich nicht beim Glühen. — Jodwasserstoffsäure (violetter Dampf, bläut Stärkekleister), Bromwasserstoff-

säure (brauner Dampf, färbt Stärkekleister feuergelb), Bromsäure (brauner Dampf, färbt Stärkekleister feuergelb, das Salz verpufft auf Kohle), Chlorsäure (grünlichgelbes, leicht explodirendes Gas, entfärbt Indigosolution, das Salz verpufft auf Kohle), unterchlorige Säure (gelbgrünes Chlorgas, welches Indigosolution entfärbt), salpetrige Säure (rothe Dämpfe), Salpetersäure (fast farblose, bei Chlorgehalt rothe Dämpfe).
3. Es entwickelt sich farbloses Gas, die Verbindung schwärzt sich nicht beim Glühen. — Kohlensäure (geruchlos, trübt Kalkwasser), Cyansäure (reizt die Augen zu Thränen, trübt Kalkwasser), schweflige Säure (eigenthümlicher Geruch, färbt gelöstes chromsaures Kali grün), Schwefelwasserstoff (Geruch nach faulen Eiern, schwärzt Bleipapier), Chlorwasserstoffsäure (starker Rauch, welcher Silbersolution an einem Glasstabe käsig fällt, Fällung in Ammoniak löslich), Salpetersäure (auf Zusatz von Eisenvitriol oder Kupferfeile rothe Dämpfe), Fluorwasserstoffsäure (ätzt Glas, giebt mit Kieselerde Fluorsiliciumgas, welches an einem mit Wasser benetzten Glasstabe eine weisse Fällung giebt.)
4. Es entwickelt sich farbloses Gas, die Verbindung zersetzt sich beim Glühen meist ohne Abscheidung von Kohle. — Oxalsäure (entwickelt Kohlensäure und Kohlenoxyd), Ameisensäure (entwickelt nur Kohlenoxyd), Cyanwasserstoffsäure (entwickelt Kohlenoxyd, mit verdünnter Salzsäure, Blausäure), Ferrocyanwasserstoffsäure (die Verbindung wird durch Eisenoxydsalze blau gefällt), Ferrydcyanwasserstoffsäure (die Verbindung wird durch Eisenoxydulsalze blau gefällt), Chromsäure (entwickelt Sauerstoff, die Flüssigkeit wird braun oder grün, Phosphorsalzperle grün), unterschweflige Säure (entwickelt unter Abscheidung von Schwefel schweflige Säure).
5. Es entwickelt sich farbloses Gas, die Verbindung schwärzt sich unter Abscheidung von Kohle. Die entweichenden Gase bestehen aus Kohlensäure, Kohlenoxyd und schwefliger Säure. — Weinsäure (das saure Kalisalz ist schwer löslich, das Kalksalz ist in Aetzkali löslich), Trauben-

säure (das Kalksalz ist unlöslich in Salmiak), Citronensäure (überschüssiges Kalkwasser fällt sie erst beim Kochen), Aepfelsäure (Kalkwasser fällt sie erst bei Zusatz von Weingeist), Gerbsäure (wird durch Leim weiss, durch Eisenoxydsalz blauschwarz gefällt), Gallussäure (wird durch Leim nicht, wohl aber durch Eisenoxydoxydulsalz schwarz gefällt), Harnsäure (nach dem Verdampfen mit Salpetersäure rothe Färbung mit Ammoniak, die durch Kali prachtvoll violett wird), Benzoësäure und Bernsteinsäure (die neutralen Salze werden durch Eisenchlorid hellbraun gefällt), Essigsäure (giebt mit Schwefelsäure und Alkohol Essigäther).

Anmerkung. Bei gemischten Salzen treten oft andere Erscheinungen ein; Chlormetalle entwickeln neben einem salpetersaurem Salz Chlor und rothe Dämpfe, neben einem chromsaurem Salze braunrothe Dämpfe (Chlorchromsäure), Schwefelmetalle entwickeln mit conc. Schwefelsäure häufig schweflige Säure.

Die hauptsächlichsten specielleren Versuche sind folgende:

b. Die angesäuerte wässerige Lösung A wird mit Chlorbaryum (bei Anwesenheit von Blei, Quecksilberoxydul oder Silber mit salpetersaurem Baryt) versetzt. Es werden gefällt Kieselfluorwasserstoffsäure gallertartig, durch concentrirte Säuren zersetzbar (die ursprüngliche Verbindung giebt beim Erhitzen Fluorsilicium und Fluormetall, mit Alkalien, Kieselerde und Fluormetall), Schwefelsäure und Selensäure weiss pulverig, in Säuren unlöslich. Der Niederschlag durch Selensäure entwickelt mit Salzsäure gekocht Chlor und schweflige Säure fällt denn daraus rothes Selen (Rettiggeruch auf Kohle).

$3HFl + 2SiFl_3$.

SO_3.
SeO_3.

c. Eine neue Portion der Lösung oder die vom Barytniederschlage abfiltrirte Flüssigkeit wird mit Baryt- oder Kalkwasser (Ammoniak ist nicht gut anzuwenden, weil der sich bildende Salmiak die Fällung mancher Säuren verhindert) neutral gemacht und mit Chlorcalcium versetzt. Es werden gefällt: Phosphorsäure, Arsensäure, Borsäure (nicht aus verdünnter Lösung), Kohlensäure (kann nur in einer vorher

Behandeln des CaCl-Niederschlages mit H₄NCl und $\overline{A}$.

nicht angesäuerten Flüssigkeit vorhanden sein), schweflige Säure (nur aus concentrirter Lösung), Weinsäure, Ferrocyanwasserstoffsäure, Oxalsäure, Traubensäure, Fluorwasserstoffsäure, (Schwefelsäure ist eigentlich durch Baryt schon ausgefällt, deshalb wohl nicht mehr zugegen). Man filtrirt ab und behandelt den Niederschlag:

1. mit Salmiaklösung, welche arsensauren, borsauren und weinsauren Kalk löst. Erwärmt man die Lösung und T. lässt sie stehen, so scheidet sich der weinsaure Kalk wieder aus (der Niederschlag schwärzt sich beim Glühen und verbreitet dabei Geruch nach Caramel). Säuert man die vom ausgeschiedenen weinsauren Kalk abfiltrirte Flüssigkeit mit Salzsäure an, taucht in dieselbe Curcuma- BO₃. papier, so wird dasselbe nach dem Trockenen braun, wenn Borsäure vorhanden. (Grüne Weigeistflamme). Die Arsensäure wird durch Schwefelwasserstoff gelb gefällt. AsO₅. (Der Metallspiegel, durch Reduction des gebildeten Schwefelarsens mit Kohle oder Cyankalium und Soda in einem Glasröhrchen erhalten, ist in unterchlorigsaurem Natron löslich).

2. Der in Salmiak unlösliche Theil des Niederschlages wird mit Essigsäure behandelt. Hierbei verräth ein Aufbrausen Kohlensäure, welche, in Kalkwasser geleitet, dasselbe CO₂. trübt. Die schweflige Säure giebt sich durch den Geruch zu erkennen, sie entwickelt mit Zink und Salzsäure Schwefelwasserstoff. Die Ferrocyanwasserstoffsäure und H₂Cfy. Phosphorsäure gehen in Lösung. Erstere wird durch Eisenchlorid blau gefällt, letztere kann man mit molyb- PO₅. dänsaurem Ammoniak (beim Kochen ein gelber Niederschlag), oder einem Tropfen Eisenchlorid (weisser bis gelb weisser Niederschlag) erkennen.

3. Der in Essigsäure unlösliche Niederschlag (durch Chlorcalcium erzeugt) kann noch Oxalsäure, Traubensäure, Fluorwasserstoffsäure und Schwefelsäure enthalten. Entwickelt ein Theil desselben mit concentrirter Schwefelsäure übergossen Fluorwasserstoffgas, welches Glas ätzt, so HFl. war Fluorwasserstoffsäure vorhanden, löst man einen Theil

40 Prüfung mit Fe$_2$Cl$_6$.

SO$_3$.

R.
O.

Ci.

Mal.

Bz.

Suc.

SO$_2$.

desselben in Salzsäure und viel Wasser und erhält einen in Säuren unlöslichen Niederschlag durch Chlorbaryum, so ist Schwefelsäure bewiesen. Ein Theil des Niederschlages wird mit Aetzkali behandelt, in welchem sich traubensaurer Kalk löst, oxalsaurer ungelöst zurück bleibt. Die kalische Lösung trübt sich beim Kochen, wenn Traubensäure zugegen war. Der oxalsaure Kalk giebt, mit conc. Schwefelsäure übergossen, ohne sich zu schwärzen, Kohlensäure, welche Kalkwasser trübt, und Kohlenoxyd, welches mit grünlicher Flamme verbrennt.

d. Die vom Niederschlage c (durch Chlorcalcium erzeugt) abfiltrirte Flüssigkeit wird mit Kalkwasser versetzt und gekocht. Hierdurch wird der citronensaure Kalk gefällt, der äpfelsaure Kalk bleibt in Lösung und scheidet sich im Filtrate nach Zusatz von Alkohol beim Verdampfen desselben aus. Der citronensaure Kalk ist in Kupferchlorid löslich. Die Aepfelsäure giebt, in einem Glasröhrchen erhitzt, Maleinsäure und Fumarsäure. Erstere verdichtet sich in dem kälteren Theile des Glasröhrchens zu Krystallen, letztere bleibt zurück.

e. Die nach d von citronensaurem und äpfelsaurem Kalk durch Filtration befreite Lösung wird abgedampft (um den Alkohol zu entfernen) und mit Eisenchlorid versetzt, nachdem die Flüssigkeit mit Salzsäure oder Salpetersäure neutral gemacht worden war. Es werden Bernsteinsäure und Benzoësäure braunroth gefällt. Man erwärmt den erhaltenen Niederschlag mit Ammoniak und theilt die Lösung in zwei Theile. Der eine Theil wird mit Salzsäure versetzt und so die Benzoësäure niedergeschlagen, der andere Theil mit Ammoniak, Chlorbaryum und Alkohol versetzt, liefert im Niederschlag die Bernsteinsäure (BaO, Suc.)

f. Ist das vom Niederschlage e erhaltene Filtrat rothbraun gefärbt, so kann Essigsäure, Ameisensäure und schweflige Säure vorhanden sein. Die Färbung durch schweflige Säure verschwindet beim Kochen (Geruch nach SO$_2$ beim Behandeln mit Salzsäure), die durch Essigsäure und Ameisensäure auf Zusatz von Salzsäure (das Eisenchlorid muss deshalb von freier Säure frei sein). Man prüft die ursprüngliche Substanz auf Essigsäure durch Erwärmen mit Alkohol A. und Schwefelsäure (Geruch nach Essigäther), auf Ameisen- F. säure durch Versetzen der Lösung mit Silber- oder Quecksilberoxydsalz (Reduction unter Kohlensäureentwickelung). Das Eisenchlorid giebt ferner noch folgende Reactionen: Es wird aus neutraler Lösung durch Borsäure gelblich gefällt, durch Gallussäure schwarz gefärbt, aus neutraler oder freie Essigsäure enthaltender Lösung fällt es Arsensäure gelblich weiss, Gerbsäure schwarzblau, aus freie Salzsäure enthaltender Lösung fällt es Ferrocyanwasserstoffsäure blau, Ferridcyanwasserstoffsäure färbt es braunroth, Schwefelcyanwasserstoffsäure blutroth (durch Quecksilberchlorid verschwindend).

g. Ein anderer Theil der wässerigen Lösung wird, wenn Schwefelwasserstoff vorhanden, durch Ansäuern mit Salpetersäure (wenn sie nicht schon freie Säure enthält) und Erwärmen von demselben befreit, filtrirt, mit Ammoniak neutralisirt und mit salpetersaurem Silberoxyd versetzt. Es werden gefällt: Phosphorsäure (gelb), Arsensäure (braunroth), arsenige Säure (eigelb), Chromsäure (roth), Oxalsäure (weiss), Borsäure (weiss), Salzsäure (weiss), Bromwasserstoffsäure (weiss), Cyanwasserstoffsäure (weiss), Jodwasserstoffsäure (gelblich), Jodsäure (weiss), Ferrocyanwasserstoffsäure (weiss), Ferridcyanwasserstoffsäure (rothbraun) und Schwefelcyanwasserstoffsäure (weiss). Der erhaltene Niederschlag wird:
1. mit verdünnter Salpetersäure behandelt, in welcher sich Phosphorsäure, Arsensäure, arsenige Säure, Chromsäure, Oxalsäure und Borsäure lösen, respective ihre Silbersalze zersetzt werden. Man versetzt die Lösung mit Schwefelwasserstoff und fällt dadurch (neben Silber) Arsensäure und arsenige Säure. Gleichzeitig wird vorhandene Chromsäure reducirt und dadurch die Flüssigkeit CrO_3. grün gefärbt. Das erhaltene Schwefelarsen löst man in Aetzkali, kocht die Lösung mit Wismuthoxydhydrat (kohlensaurem oder basisch-salpetersaurem Wismuthoxyd), entfernt durch Filtriren das gebildete Schwefelwismuth

Behandeln des AgO, NO_5-Niederschlages mit H_3N.

	und theilt das Filtrat in 2 Theile. Der eine Theil giebt mit Salpetersäure neutralisirt und mit salpetersaurem Silberoxyd versetzt einen braunrothen Niederschlag von
AsO_5.	arsensaurem Silberoxyd, der andere Theil mit Kupfervitriol versetzt und gekocht einen rothbraunen Nieder-
AsO_3.	schlag von reducirtem Kupfer, wenn arsenige Säure vorhanden. Die durch Filtration vom Schwefelarsen geschiedene salpetersaure Lösung wird durch Erwärmen vom Schwefelwasserstoff befreit, neutralisirt, aufs Neue mit salpetersaurem Silberoxyd gefällt und der erhaltene Niederschlag mit Essigsäure behandelt. Es bleibt nur oxal-
$\bar{O}$.	saures Silberoxyd als Rückstand, das phosphorsaure und
PO_5.	borsaure Silberoxyd gehen in Lösung. Ersteres verräth
BO_3.	sich durch die gelbe Farbe, letzteres durch die Farbe der Weingeistflamme, wenn Schwefelsäure und Alkohol zugesetzt wurden und die Reaction auf Curcumapapier in salzsaurer Lösung.

2. Der in Salzsäure unlösliche Theil des durch salpetersaures Silberoxyd erzeugten Niederschlages wird mit Ammoniak behandelt. Es bleiben Jodsilber, Ferrocyansilber, Ferridcyansilber und Schwefelcyansilber ungelöst zurück. Ferridcyansilber und Jodsilber sind schon an der Farbe kenntlich. Man versetzt den Niederschlag

HJ.	mit Chlorwasser, wodurch Jod ausgeschieden wird, welches darauf gegossenem Benzin eine violettrothe Farbe ertheilt (Prüfung mit Stärkekleister). Auf Ferrocyan-
H_2Cfy.	wasserstoffsäure muss die ursprüngliche Flüssigkeit mit Eisenchlorid (blauer Niederschlag), auf Ferridcyanwasser-
H_3Cfdy	stoffsäure mit Eisenvitriol (blauer Niederschlag), auf
$HCyS_2$.	Schwefelcyanwasserstoffsäure mit Eisenchlorid (blutrothe Färbung durch Quecksilberchlorid verschwindend) geprüft werden. Versetzt man einen Theil der ammoniakalischen Lösung mit schwefliger Säure (schwefligsaurem Natron),
JO_5.	so wird bei Gegenwart von Jodsäure Jodsilber gefällt. Ein anderer Theil der ammoniakalischen Lösung wird mit Chlorwasser versetzt und mit Salpetersäure angesäuert.
HBr.	Es scheidet sich Brom aus, welches darauf gegossenen

Aether braun, oder bei Spuren, gelb färbt. Auf Cyan- HCy.
wasserstoffsäure muss die ursprüngliche Verbindung entweder mit verdünnter Salzsäure (Geruch nach bitteren Mandeln) oder mit Eisenoxyduloxydsalz, Kali und Salzsäure (Berlinerblau) geprüft werden. Brom-, Jod- und Chlorsilber kann man vom Cyansilber durch Glühen befreien (letzteres wird zersetzt), Chlor und Bromsilber durch Ammoniak vom Jodsilber (letzteres ist unlöslich). Das Chlor erkennt man neben dem Brom durch Zusam- HCl. menreiben ihrer Verbindungen mit chromsaurem Kali, Uebergiessen des Gemisches mit concentrirter Schwefelsäure in einem Tubulatretörtchen und gelindes Erwärmen. Es entwickelt sich ein tiefbraunrothes Gas (chromsaures Chromsuperchlorid, $CrCl_3$, $2CrO_3$), welches als braunrothe Flüssigkeit sich in der Vorlage verdichtet. Freies Chlor und Brom, Unterchlorsäure, chlorige Säure und unterchlorige Säure entfärben Indigosolution.

h. Es sind nun noch Chlorsäure, Salpetersäure (Jodsäure) und Bromsäure nachzuweisen. Die Salze dieser Säuren entfärben nach Zusatz von Salzsäure oder Schwefelsäure beim Erwärmen Indigosolution. Chlor-, brom- und jodsaure Salze werden durch Glühen in Chlor-, Brom- und Jodmetalle ver- ClO_5. wandelt, welche wie oben angegeben, geschieden werden können. Salpetersäure giebt mit Eisenvitriol und Schwefel- NO_5. säure dunkele Färbung, Jodsäure violetten Dampf (bläut JO_5. Stärkekleister), Bromsäure braunen Dampf (färbt Stärke- BrO_5. kleister feuergelb).

Die Lösungen B., C., D., E., F., G. und H. werden in ähnlicher Weise wie die Lösung A. geprüft.

Dass der eben beschriebene Gang in vielen Fällen einfacher und kürzer sein kann, liegt sehr nahe. Mann kann sich z. B. durch 2 kurze Vorprüfungen von der Abwesenheit vieler Säuren uberzeugen und das Reagiren darauf ersparen. Es werden nämlich Phosphorsäure, Chromsäure, Kieselsäure, arsenige Säure, Arsensäure, Oxalsäure, Weinsäure und Citronensäure (respect. erst beim Kochen) sowohl durch Chlorbaryum als durch salpetersaures Silberoxyd aus neutraler Lösung gefällt. Erhält man daher durch Chlorbaryum einen Niederschlag, durch salpetersaures Silberoxyd aber nicht, oder umgekehrt, so kann keine von den genannten Säuren vorhanden sein. Das Resultat der Prüfung auf Basen giebt an, ob man einzelne Säuren in der ursprünglichen Lösung suchen kann, oder ob zuvor die schweren Metalle durch Schwefelwasserstoff und Schwefelammonium entfernt werden müssen. Die angegebenen Trennungsmethoden sind oft nicht absolut vollständig. Es gilt dies namentlich bei den Säuren und deren Stellvertretern. Dieser Mangel an Vollkommenheit ist jedoch zum Zweck der qualitativen Analyse ganz gleichgültig, da es nur ihre Aufgabe ist, die Körper neben einander nachzuweisen, ihre Gegenwart oder Abwesenheit zu ermitteln. Bei sorgfältiger Arbeit und Erwägung der bei den verschiedenen Versuchen obwaltenden Umstände wird das Erkennen der einzelnen Körper neben einander nach dem eben beschriebenen Untersuchungsgange immer möglich sein.

Um nicht von einer Nummer zur andern verweisen zu müssen und so der Uebersicht zu schaden, wurden einzelne Reactionen, wo es nöthig schien, wiederholt. Aus demselben Grunde wurden Reactionen zur Constatirung der gefundenen Körper hinweggelassen und finden sich dieselben in dem 3. Theile dieses Buches.

Dritter Theil.
Verhalten der Körper zu Reagentien.

Aepfelsäure ($C_8 H_6 O_{10} = \overline{Mal}$).
Die reine Aepfelsäure stellt gewöhnlich eine dicke Flüssigkeit dar, bisweilen ist sie in körnig krystallinischen, an der Luft zerfliesslichen Massen. Sie schmilzt bei 100^0 und ist in Wasser und Alkohol leicht löslich.

Kalkwasser und Chlorcalcium fällen sie nur nach Zusatz von Alkohol aus alkalischer Lösung (Unterschied von der Citronensäure, Oxalsäure und Weinsäure). Der Niederschlag ist in Säuren löslich.

Salpetersaures Bleioxyd fällt die Aepfelsäure nicht (Schlossberger), essigsaures Bleioxyd fällt sie weiss, käsig (PbO $\overline{Mal}$), vollständig erst bei der Neutralisation mit Ammoniak. Der Niederschlag wird nach einiger Zeit krystallinisch und schmilzt in siedendem Wasser.

Concentrirte Schwefelsäure zersetzt die Aepfelsäure in der Wärme, es entweichen dabei anfangs Kohlensäure und Kohlenoxydgas, später unter Schwärzung schweflige Säure.

Beim Erhitzen bis auf 150^0 verliert die Aepfelsäure Wasser und es bleibt ein krystallinischer Rückstand von Fumarsäure. Bei 170^0 (200^0 nach Fresenius) zersetzt sich auch diese und bildet Maleinsäure. Diese Umwandelung ist sehr charakteristisch für die Aepfelsäure. Man nimmt sie in einem Glasröhrchen vor, in deren kälteren Theile die Maleinsäure in Krystallen erhalten wird. Zu diesem Versuche muss man sich das Aepfelsäurehydrat darstellen, indem man den Kalkniederschlag in Essigsäure löst, die Lösung mit Weingeist versetzt, nöthigenfalls filtrirt, das Filtrat mit essigsaurem Bleioxyd fällt, mit Ammoniak neutralisirt, den gewaschenen Niederschlag mit Wasser anrührt, durch Schwefelwasserstoff zersetzt und das Filtrat zur Trockene verdampft.

Da die Aepfelsäure durch Kalk erst nach Zusatz von Alkohol gefällt wird, so ist sie auf diese Weise leicht von den übrigen durch Kalk fällbaren Säuren zu trennen. (Citronensäure muss durch Kochen der mit Chlorcalcium versetzten Lösung gefällt werden). Es können übrigens auch andere Säuren in ähnlicher Weise gefällt werden, und ist deshalb der oben beschriebene Controlversuch durch Erhitzen des Aepfelsäurehydrates stets anzustellen.

Ameisensäure ($C_2 HO_3 + HO = \overline{F}$ oder FoO_3).

Das Ameisensäurehydrat stellt eine wenig rauchende, farblose Flüssigkeit dar, von durchdringendem Geruch, krystallisirt unter 0^0 in glänzenden Blättchen, ist mit Alkohol und Wasser in jedem Verhältniss mischbar, reducirt leicht die edlen Metalloxyde, indem sie in Kohlensäure und Wasser zerfällt. Sie ist unzersetzt destillirbar.

Die ameisensauren Salze lösen sich in Wasser, zum Theil auch in Alkohol. Sie werden durch Glühen zersetzt, es scheidet sich Kohle aus und es bleiben entweder kohlensaure Salze, oder Kohlenwasserstoff, Kohlensäure und Wasser entweichen.

Eisenchlorid färbt die Ameisensäure in neutraler Lösung blutroth, die Färbung verschwindet auf Zusatz von Salzsäure.

Salpetersaures Silberoxyd und salpetersaures Quecksilberoxydul werden von der freien Ameisensäure nicht gefällt, wohl aber nach einiger Zeit reducirt. Kochen begünstigt die Reduction. Ameisensaure Alkalien schlagen in concentrirter Lösung beide Reagentien weiss nieder ($AgO, \overline{F}$ und $Hg_2 O, \overline{F}$). Der Niederschlag schwärzt sich bald, indem sich Silber oder Quecksilber metallisch ausscheidet.

Quecksilberchlorid fällt mit freier oder an Alkali gebundener Ameisensäure Quecksilberchlorür.

Die Ameisensäure wird durch concentrirte Schwefelsäure in der Wärme zersetzt, es entweicht Kohlenoxydgas. Schwefelsäure und Alkohol geben mit ihr Ameisenäther.

Die Ameisensäure giebt mit Bleioxyd ein schwerer lösliches Salz als die Essigsäure.

Ammoniak oder Ammoniumoxyd (H_3N oder H_4NO). Das Ammoniak findet sich meist als Gas in wässeriger Lösung oder an Säuren gebunden.

Die Salze des Ammoniaks sind meist in Wasser löslich, alle flüchtig und werden durch Aetzkali (Aetznatron) und Kalkhydrat (beim Erwärmen) zersetzt, indem das Ammoniak als Gas frei wird. Dasselbe ist am Geruch und der Reaction auf Curcumapapier (oder geröthetes Lackmuspapier) zu erkennen. Es bildet beim Nähern eines mit Salz- oder Essigsäure befeuchteten Glasstabes weisse Nebel (H_4NCl oder $H_4NO, \overline{A}$) und schwärzt mit salpetersaurem Quecksilberoxydul befeuchtetes Papier.

Platinchlorid schlägt die Ammoniaksalze gelb nieder ($H_4NCl + PtCl_2$). Der Niederschlag ist in Wasser wenig, in Alkohol nicht löslich.

Weinsäure im Ueberschuss schlägt das Ammoniak als saures Salz weiss nieder ($H_4NO,\overline{T} + HO,\overline{T}$).

Die Flüchtigkeit unterscheidet das Ammoniak hinreichend von den fixen Alkalien.

Antimonoxyd (SbO_3).

Das Antimon ist bläulich zinnweiss, glänzend, spröde, leicht schmelzbar, oxydirt sich auf Kohle vor dem Löthrohr zu einem weissen Beschlag, der flüchtig ist. Salpetersäure oxydirt das Antimon, löst aber das gebildete Oxyd nicht. Salzsäure löst das Antimon nicht, Königswasser löst es leicht.

Das Antimonoxyd ist entweder krystallinisch oder pulverig, weiss, in Salzsäure und Weinsäure leicht, nicht aber in Salpetersäure löslich.

Die Salze des Antimonoxydes werden beim Glühen theils zersetzt, theils unzersetzt verflüchtigt, sie werden durch viel Wasser in lösliche saure Salze und unlösliche basische zerlegt. Der Niederschlag aus Antimonchlorür ist in Weinsäure löslich, weshalb diese auch die Fällung verhindert (Unterschied vom Wismuth).

Durch Schwefelwasserstoff wird das Antimonoxyd aus alkalischer Lösung nicht, aus neutraler unvollkommen, aus saurer

Antimonoxyd.

leicht und vollkommen als orangegelber Niederschlag, Antimonsulphür (SbS_3) gefällt. Der Niederschlag ist in Kali, Schwefelalkalien leicht, in Ammoniak wenig, in doppelt-kohlensaurem Ammoniak nicht löslich (Unterschied vom Arsen). Concentrirte Salzsäure löst ihn ebenfalls leicht. Durch Verpuffen mit Salpeter entsteht antimonsaures und schwefelsaures Kali. Wismuthoxydhydrat (auch Kupferoxyd) entzieht der kalischen Lösung den Schwefel, Schwefelwismuth (oder Schwefelkupfer) scheidet sich aus, in Lösung bleibt das Antimonoxyd. Mit Soda und Cyankalium gemengt und erhitzt wird es reducirt zu Metall, giebt aber, wenn diese Operation in einem an dem einen Ende verschlossenen Glasröhrchen vorgenommen, keinen Spiegel. In den Marsh'schen Apparat gebracht, giebt es einen silberglänzenden, in unterchlorigsaurem Natron unlöslichen Metallspiegel. Derselbe wird von darüberstreichendem Schwefelwasserstoffgas leicht in Antimonsulphür verwandelt, welches sich in Salzsäuregas leicht löst; die Lösung giebt, in Wasser gebracht, mit Schwefelwasserstoff einen orangegelben Niederschlag (Unterschied vom Arsen). Das Schwefelantimon kömmt auch in einer 2. Modification als schwarzgraue, krystallinische Stücke vor. Dieselben sind in Salzsäure leicht beim Erwärmen unter Entwickelung von Schwefelwasserstoffgas löslich, verhalten sich dem amorphen Schwefelantimon ähnlich.

Schwefelammonium bildet mit Antimonoxydsalzen einen im Ueberschuss des Fällungsmittels löslichen Niederschlag, aus welcher Lösung durch Säuren Antimonsulphid (SbS_5) gefällt wird.

Von reinen und kohlensauren Alkalien werden die Antimonoxydsalze weiss niedergeschlagen. Der Niederschlag ist in Kali und kohlensaurem Kali (beim Erwärmen) löslich, in Ammoniak unlöslich.

Zink fällt das Antimon aus seinen Salzen metallisch, bei freier Säure scheidet sich auch Antimonoxyd aus.

Das Antimonoxyd wird vom Arsen und Zinn dadurch getrennt, dass man seine Verbindung (z. B. Schwefelantimon) mit der 6fachen Menge eines Gemisches aus 1 Th. wasserfreien kohlensauren Natron und 2 Th. salpetersauren Natron schmilzt, die Masse mit kaltem Wasser behandelt, den Rückstand mit

Antimonoxyd. 49

wässerigem Weingeist (1 Vol. Weing. und 1 Vol. Wasser) auswäscht. Das arsensaure Natron geht in Lösung, Zinnoxyd und antimonsaures Natron bleiben ungelöst zurück. Man kocht den Rückstand mit conc. Natronlauge, welche Zinnoxyd löst, antimonsaures Natron zurücklässt. Im Marsh'schen Apparat bleibt das Zinn metallisch ausgeschieden zurück, während Antimon und Arsen mit Wasserstoff verbunden entweichen. Das Zink, desoxydirt nämlich beide, zerlegt gleichzeitig Wasser und bildet Zinkoxyd, welches sich mit der Schwefelsäure zu Zinkvitriol verbindet. Das ausgeschiedene Antimon (oder Arsen) verbindet sich im statu nascenti mit dem Wasserstoff und entweicht als Antimonwasserstoffgas (Arsenwasserstoffgas). Erhitzt man die Röhre, durch welche das Gas streicht, so entsteht dicht hinter dem erhitzten Punkte ein Metallspiegel von ausgeschiedenem Antimon (Arsen) und es entweicht reines Wasserstoffgas. Zündet man das Gas an und hält einen kalten Körper in die Flamme, so legt sich ebenfalls auf diesem ein Metallspiegel an.

Den Apparat von Marsh in seiner einfachsten Form stellt beistehende Figur vor. Die Entwickelungsflasche A wird mit

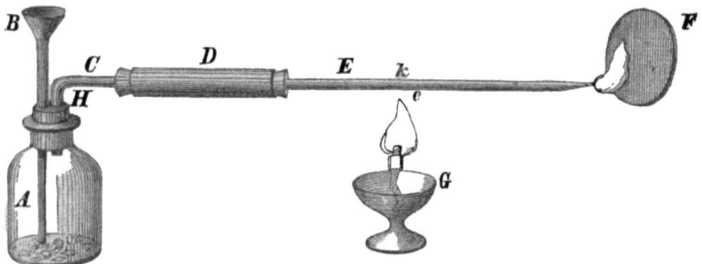

granulirtem Zink beschickt, darauf mit einem zweimal durchbohrten Korke H gut verschlossen. Die Trichterröhre B reicht ziemlich bis auf den Boden der Flasche A, während die 2schenklige Röhre C mit dem einen Ende gerade durch den Kork H reicht, mit dem anderen Ende aber mit der trockenes Chlorcalcium enthaltenden Röhre D verbunden ist.

Die Fortsetzung der Röhre D bildet eine an dem freien

Stahl, chem. Analyse. 4

Antimonoxyd.

Ende in eine feine Spitze ausgezogene Röhre E von schwer schmelzbarem Glase. Man schüttet durch die Röhre B verdünnte Schwefel- oder Salzsäure, und zündet, nachdem einige Zeit (5 bis 10 Minuten) die Wasserstoffgasentwickelung im Gange (alle atmosphärische Luft aus dem Apparat entfernt), das Gas an der Spitze der Röhre E an. Durch einen in die Flamme gehaltenen kalten Gegenstand (Porzellanscheibe) F prüft man, ob Zink und Säure frei von Arsen oder Antimon sind. Jetzt giesst man die Antimon- (oder Arsen-) lösung durch die Röhre B in die Flasche A und bemerkt alsobald, dass die Flamme bläulich-grün (bei Arsen bläulich) erscheint Hält man jetzt eine Porzellanscheibe F in die Flamme, so setzt sich auf ihr metallisches Antimon (resp. Arsen) als schwarzer, wenig glänzender Spiegel an (der Arsenspiegel ist braunschwarz, glänzend). Erhitzt man die Röhre E bei k mit der Spirituslampe G zum Glühen, so bildet sich dicht hinter der erhitzten Stelle bei e ein Metallspiegel. (Es ist zweckmässig, die Röhre an der Stelle, an welcher man sie erhitzen will, etwas auszuziehen). Der auf der Porzellanscheibe erhaltene Spiegel wird mit unterchlorigsaurem Natron benetzt; er bleibt darin ungelöst (der Arsenspiegel löst sich), der in der Glasröhre erhaltene wird durch einen Strom Schwefelwasserstoffgas (indem man die Röhre mit einem Schwefelwasserstoffapparate verbindet) in Schwefelantimon verwandelt, welche Umwandlung man durch Erwärmen in der dem Strome entgegengesetzten Richtung begünstigt. Das so gebildete Antimonsulphür wird von Salzsäuregas leicht aufgenommen, und kann in Wasser geleitet, durch Schwefelwasserstoff wieder gefällt werden. (Der Arsenspiegel wird durch Schwefelwasserstoffgas auch in Schwefelarsen verwandelt, dasselbe ist aber in Salzsäuregas unlöslich).

Der Antimonspiegel unterscheidet sich ferner vom Arsenspiegel dadurch, das ersterer ohne Geruch flüchtig ist, letzterer bei der Verflüchtigung nach Knoblauch riecht. Der Antimonspiegel ist in Salpetersäure fast unlöslich, wird durch sie oxydirt, das Oxyd nicht gelöst, der Arsenspiegel löst sich beim Erwärmen in Salpetersäure und giebt die Lösung mit einem Tropfen salpetersaurer Silberoxydlösung beim Nähern eines mit Ammoniak befeuchteten Glasstabes eine gelbe oder bräunliche Trübung.

Antimonige Säure. — Antimonsäure. — Arsenige Säure.

Chlorsaures Kali löst den Antimonspiegel nicht, den Arsenspiegel nach und nach. Jodsaures Kali greift den Antimonspiegel nicht an, färbt aber den Arsenspiegel zimmetfarben und löst ihn.

Antimonige Säure (SbO_4).

Die antimonige Säure nimmt man jetzt als antimonsaures Antimonoxyd ($SbO_3, SbO_5 = 2 SbO_4$) an. Sie ist weiss, unlöslich in Wasser, nur schwer löslich in Salzsäure, kann nicht auf Kohle erhitzt zu einem Metallkorn reducirt werden (Unterschied vom Antimonoxyd). Mit Soda zusammengeschmolzen und mit Wasser ausgekocht, scheidet sich beim Erkalten der alkalischen Lösung Antimonoxyd aus.

Antimonsäure (SbO_5).

Die Antimonsäure ist ein strohgelbes Pulver, wird beim Erhitzen dunkler gelb, ist unschmelzbar und verwandelt sich beim Glühen in antimonige Säure. Ihr Hydrat (HO, SbO_5) ist weiss, röthet Lackmus, ist in Salzsäure löslich, wird durch wenig Wasser daraus gefällt, durch viel Wasser aber nicht gefällt. Sie ist in Salpetersäure unlöslich.

Die Alkalisalze der Antimonsäure werden durch Glühen in Wasser unlöslich, gehen aber durch längeres Kochen mit Wasser wieder in den löslichen Zustand über.

Schwefelwasserstoff schlägt die antimonsauren Salze orangegelb nieder als Antimonsulphid (SbS_5). Der Niederschlag löst sich in Schwefelalkalien und Aetzammoniak, nicht aber in anderthalb-kohlensaurem Ammoniak (Unterschied vom Arsensulphid).

Salpetersaures Silberoxyd schlägt die Antimonsäure aus alkalischer Lösung gelblich-weiss nieder. Der Niederschlag ist in Ammoniak löslich.

Salz- oder Salpetersäure fällt die Antimonsäure aus alkalischer Lösung weiss. Der Niederschlag ist in Weinsäure löslich.

Arsenige Säure (AsO_3).

Das Arsen ist schwarzgrau, spiegelnd, läuft an der Luft leicht an, ist spröde, nicht sehr hart, vollkommen flüchtig ohne vorher zu schmelzen und giebt dabei nach Knoblauch riechende Dämpfe. Es verbrennt bei Luftzutritt mit bläulicher Flamme, einen weissen Rauch ausstossend. In einer an dem einen Ende verschlossenen Glasröhre erhitzt, ist es sublimirbar und legt einen

Metallspiegel an. In Salzsäure und verdünnter Schwefelsäure ist es unlöslich. Kochende Schwefelsäure oxydirt es unter Entwickelung von schwefliger Säure zu arseniger Säure, schwache Salpetersäure oxydirt es ebenfalls in der Wärme zu arseniger Säure, conc. Salpetersäure theilweise zu Arsensäure ohne es zu lösen.

Die arsenige Säure ist entweder durchsichtig, glasartig oder porzellanartig, oder ein weisses Pulver (Hüttenrauch). Sie ist ohne Geruch flüchtig, in Wasser wenig, in Salzsäure und Aetzalkalien leicht löslich. Königswasser löst sie in der Wärme als Arsensäure. Sie findet sich natürlich als Arsenblüthe.

Ihre Salze zerfallen beim Glühen entweder in Arsen und arsensaure Salze, oder die arsenige Säure wird frei. Sie sind in Salzsäure löslich, die mit alkalischer Basis werden auch von Wasser gelöst.

Schwefelwasserstoff fällt die arsenige Säure aus alkalischer Lösung nicht, aus neutraler langsam und unvollständig, aus saurer rasch und vollständig als arseniges Sulphid (AsS_3). Der gelbe Niederschlag ist in ätzenden, einfach- und doppelt-kohlensauren Alkalien sowie in Schwefelalkalien leicht löslich, wird von Salz-, Salpetersäure und Königswasser leicht zersetzt und gelöst. Die kalische Lösung wird durch Kochen mit Wismuthoxydhydrat (auch kohlensaurem oder basisch-salpetersaurem Wismuthoxyd oder Kupferoxyd) entschwefelt, indem sich Schwefelwismuth (Schwefelkupfer) bildet, arsenigsaures Kali in Lösung bleibt. Das arsenige Sulphid wird durch Verpuffen mit Salpeter in arsensaures und schwefelsaures Kali verwandelt. Das natürliche arsenige Sulphid, Auripigment, ist in Aetzkali, nicht aber in Wasser und Säuren löslich.

Salpetersaures Silberoxyd fällt die mit Ammoniak neutralisirte arsenige Säure gelb ($2AgO, AsO_3$). Der Niederschlag ist in Essigsäure, Salpetersäure und Ammoniak löslich.

Schwefelsaures Kupferoxyd fällt neutrale Lösung gelbgrün ($2CuO, AsO_3$). Der Niederschlag ist in Ammoniak und Säuren löslich. (Zwiebelabkochung giebt ähnlichen Niederschlag).

Essigsaures Bleioxyd giebt einen weissen, in Salpetersäure leicht löslichen Niederschlag.

Arsenige Säure. 53

Chlorbaryum fällt nur neutrale oder alkalische Lösung der arsenigen Säure weiss ($2BaO, AsO_3$).

Schwefelsaures Kupferoxyd wird beim Kochen mit einer stark kalischen Lösung der arsenigen Säure reducirt, es scheidet sich Kupferoxydul als rother Niedersshlag aus. (Dieselbe Reduction giebt jedoch auch Traubenzucker). Hierdurch wird namentlich die arsenige Säure von der Arsensäure unterschieden. Zu diesem Zwecke löst man das im Laufe der Analyse erhaltene Gemenge von arsenigem Sulphid und Arsensulphid in Kalilauge, entschwefelt die Lösung durch Kochen mit Wismuthoxydhydrat, filtrirt und theilt in 2 Theile. Der eine Theil wird durch Kochen mit wenig Kupfervitriollösung auf arsenige Säure, der andere nach der Neutralisation durch Salpetersäure mit salpetersaurem Silberoxyd auf Arsensäure geprüft.

Das Schwefelarsen lässt sich mit kohlensaurem Natron und Cyankalium in einem Strome von Kohlensäuregas beim Erwärmen reduciren und ein Metallspiegel daraus darstellen. Man benutzt auch sehr zweckmäsig den bei dem Antimon beschriebenen Apparat von Marsh zur Darstellung des Arsenspiegels und verwendet die vom Schwefel befreite Lösung des Arsens. Der Arsenwasserstoff wird wie der Antimonwasserstoff in der Wärme zersetzt und liefert unter denselben Bedingungen einen Metallspiegel. Der Arsenspiegel ist in unterchlorigsaurem Natron löslich, wird durch Schwefelwasserstoffgas in Schwefelmetall verwandelt (beim Erwärmen), welches in Salzsäuregas unlöslich, von Ammoniak leicht gelöst wird, und so vom Schwefel unterschieden werden kann. Die Unterscheidung des Arsenspiegels vom Antimonspiegel ist bei dem Antimonoxyd erwähnt. Ebenfalls findet sich dort die Trennung des Arsens vom Antimon und Zinn durch Schmelzen mit Soda und Salpeter angegeben.

Erhitzt man eine mit Kohle (oder Cyankalium) und Soda gemengte Verbindung des Arsens in einem an dem einen Ende verschlossenen Glasröhrchen, so bekommt man einen Metallspiegel, der bei der Verflüchtigung nach Knoblauch riecht. (Unterschied vom Antimon).

Nach Bunsen giebt die arsenige Säure mit essigsaurem Natron in einem Glasröhrchen erhitzt Kakodyloxyd (C_4H_6As+O), welches dem Arsenwasserstoff ähnlich riecht, sich an der Luft von selbst entzündet und mit weisser Flamme brennt.

Arsensäure (AsO_5).

Die Arsensäure ist eine weisse, an der Luft zerfliessliche, in Wasser langsam lösliche Masse. Sie schmilzt bei gelinder Wärme und verwandelt sich in höherer Temperatur in arsenige Säure.

Ihre Alkalisalze sind in Wasser löslich, die übrigen meist unlöslich.

Schwefelwasserstoff fällt nur aus sauren Lösungen Arsensulphid (AsS_5). Der Niederschlag verhält sich zu Lösungsmitteln wie das arsenige Sulphid.

Schweflige Säure oder schwefligsaures Natron reducirt die Arsensäure auf Zusatz von Salzsäure beim Erwärmen zu arseniger Säure.

Salpetersaures Silberoxyd fällt die neutrale Lösung rothbraun ($3AgO, AsO_5$). Der Niederschlag ist in Ammoniak und verdünnter Salpetersäure löslich.

Schwefelsaures Kupferoxyd fällt die neutrale Lösung blaugrünlich ($HO, 2CuO, AsO_5$).

Eisenchlorid fällt die Arsensäure aus neutraler oder freie Essigsäure enthaltender Lösung gelblich-weiss. Der Niederschlag ist in Salzsäure löslich.

Schwefelsaure Magnesia fällt bei Gegenwart von Salmiak und Ammoniak die Arsensäure weiss. Der Niederschlag ist in Säuren löslich.

Chlorcalcium giebt mit neutraler Lösung einen weissen, in Salmiak, Essigsäure und Salzsäure löslichen Niederschlag.

Gegen Reductionsmittel verhält sich die Arsensäure wie die arsenige Säure.

Organische Substanzen wirken oft sehr störend auf die Nachweisung des Arsens ein. Man trennt das Arsen von ihnen entweder durch Ausziehen mit heisser Salzsäure oder durch Destillation mit Salzsäure (Arsen geht an Chlor gebunden über), oder man zerstört sie, indem man die zu untersuchende Substanz in einer geräumigen Porzellanschale mit verdünnter Salzsäure

Baryt. 55

(1 : 3) anrührt, erwärmt und in Zwischenräumen von 5 : 5 Minuten kleine Mengen chlorsaures Kali ($\frac{1}{2}$ Drachme) zusetzt, bis sich eine dünnflüssige Flüssigkeit gebildet hat, welche mit noch etwas chlorsaurem Kali versetzt, erkaltet und filtrirt durch Abdampfen eingeengt wird. Die gebildete Arsensäure reducirt man mit schwefliger Säure zu arseniger Säure.

Baryt (BaO, HO).

Der Aetzbaryt ist in Wasser, Salz- und Salpetersäure löslich, verliert beim Erhitzen sein Hydratwasser nicht.

Seine Salze sind meist in Wasser unlöslich. (Salpetersaurer Baryt und Chlorbaryum sind in Wasser, nicht aber in Alkohol löslich). Salzsäure löst sie leicht (ausgenommen den schwefelsauren Baryt). Durch Glühen werden sie zerlegt (das Chlorbaryum ausgenommen).

Aetzalkalien fällen die Barytsalze nur aus conc. Lösung. Der Niederschlag ist in Wasser löslich.

Kohlensaure Alkalien fällen sie ebenfalls weiss. Der Niederschlag ist in Chlorammonium etwas löslich.

Schwefelsäure und schwefelsaure Salze geben einen weissen, in Säuren und Alkalien unlöslichen Niederschlag.

Kieselfluorwasserstoffsäure giebt einen in Salz- und Salpetersäure etwas löslichen, weissen Niederschlag.

Phosphorsaures Natron fällt den Baryt aus neutraler oder alkalischer Lösung weiss (HO, 2BaO, PO$_5$). Ammoniak vermehrt den Niederschlag, Salmiak vermindert ihn. Er ist in freien Säuren löslich.

Oxalsäure oder oxalsaures Ammoniak giebt einen weissen in Salzsäure und Salpetersäure, frisch gefällt auch in Essigsäure löslichen Niederschlag.

Baryt färbt die Weingeistflamme gelblich.

Die Trennung des Baryts vom Strontian und Kalk geschieht durch Kieselfluorwasserstoffsäure, welche nur den Baryt fällt. Vom Strontian lässt sich auch der Baryt durch Ausziehen der trockenen Chlormetalle mit Alkohol trennen; Chlorstrontium wird gelöst, Chlorbaryum bleibt zurück.

Bei Zusatz von Chlornatrium wird durch schwefelsaures

Kali nur der Baryt, nicht aber Strontian gefällt, wenn nicht zu viel von letzterem vorhanden ist.

Benzoësäure ($C_{14} H_5 O_3 + HO = \overline{Bz}$ oder BzO).

Das Benzoësäurehydrat stellt weisse Blättchen oder Nadeln dar, ist in kaltem Wasser schwer, in heissem Wasser und Alkohol leicht löslich. Beim Erhitzen schmilzt es und verflüchtigt sich als entzündlicher, zum Husten reizender Dampf.

Die benzoësauren Salze lösen sich meist in Wasser, werden durch starke Säuren zersetzt, indem sich Benzoësäurehydrat ausscheidet.

Essigsaures Bleioxyd fällt die an fixe Alkalien gebundene Benzoësäure als benzoësaures Bleioxyd, nicht aber die freie Benzoësäure oder das benzoësaure Ammoniak.

Eisenchlorid fällt neutrale Lösungen der Benzoesäure hellbraun. Der Niederschlag ($Fe_2 O_3, 3\overline{Bz}$) ist in Salzsäure löslich und wird durch Ammoniak in ein basisches Salz zerlegt, während ein Theil der Säure in Lösung geht.

Man scheidet die Benzoësäure durch Chlorbaryum, Chlorcalcium und salpetersaures Silberoxyd von einer grossen Zahl anderer Säuren, durch Eisenchlorid von Essigsäure und Ameisensäure. Sie unterscheidet sich von der Bernsteinsäure durch ihre Schwerlöslichkeit in Wasser und dadurch, dass der durch Eisenchlorid erzeugte Niederschlag, nachdem er in erwärmtem Ammoniak gelöst, die Lösung filtrirt, durch Chlorbaryum und Alkohol nicht gefällt wird (Bernsteinsäure wird gefällt).

Bernsteinsäure ($C_8 H_6 O_8$ [2basisch] $= \overline{Suc}$. od. $\overline{S}$).

Die Bernsteinsäure krystallisirt in farblosen Nadeln, löst sich in Alkohol und Wasser, schwer in Aether und schmilzt bei 180°.

Die bernsteinsauren Salze sind meist in Wasser löslich, werden, mit Ausnahme des bernsteinsauren Ammoniaks, beim Glühen zersetzt, wobei sich oft kohlensaure Salze bilden.

Essigsaures Bleioxyd fällt sie weiss. Der Niederschlag ist in Bleizucker, Essigsäure und Salpetersäure löslich, und wird durch Ammoniak in ein basisches Salz zerlegt.

Eisenchlorid fällt die Bernsteinsäure aus neutraler Lösung braun (etwas dunkler wie Benzoësäure). Der Niederschlag ist in Salzsäure löslich, wird durch Ammoniak in ein basisches Salz

Bleioxyd. — Borsäure. 57

zerlegt, während ein Theil der Säure in Lösung geht. Digerirt man den Niederschlag mit Ammoniak, filtrirt die Lösung und versetzt sie mit Chlorbaryum und Alkohol, so entsteht ein weisser Niederschlag.

Die Unterscheidung der Bernsteinsäure von der Benzoësäure ist bei dieser angegeben.

Bleioxyd (PbO).

Das Blei ist bläulich-grau, weich, in Salzsäure und Schwefelsäure nicht, in Salpetersäure leicht löslich.

Das Bleioxyd ist ein röthlich-gelbes Pulver, das Bleioxydhydrat ein weisses. Beide sind in Salpetersäure und Essigsäure löslich.

Die Bleioxydsalze sind feuerbeständig, röthen im neutralen Zustande Lackmus, lösen sich zum Theil in Wasser und werden durch viel Wasser in saure lösliche und basische unlösliche Salze zerlegt.

Schwefelwasserstoff (auch Schwefelammonium) fällt das Bleioxyd schwarz (PbS). Der Niederschlag ist in Alkalien, Schwefelalkalien und verdünnten Säuren unlöslich. Conc. Salpetersäure löst ihn unter Bildung von schwefelsaurem Bleioxyd.

Alkalien fällen die Bleisalze als basische Salze, kohlensaure Alkalien als kohlensaures Bleioxyd.

Salzsäure fällt nur concentrirte Lösungen, der Niederschlag (PbCl) ist in viel Wasser löslich.

Schwefelsäure und schwefelsaure Salze fällen die Bleisalze weiss. Der Niederschlag ist in Aetzkali löslich. Basisch-weinsaures Ammoniak löst das schwefelsaure Bleioxyd ebenfalls, chromsaures Kali fällt daraus chromsaures Bleioxyd, welches in Aetzkali löslich ist.

Mit Soda und Kohle reducirt giebt das Bleioxyd ein weiches Metallkorn und einen gelben Beschlag.

Borsäure (BO_3).

Die wasserfreie Borsäure ist ein farbloses Gas, als Hydrat ($3HO, 2BO_3$) eine weisse Masse, krystallisirt schuppenförmige Blättchen. Sie löst sich in Wasser und Weingeist, färbt die Weingeistflamme gelbgrün, röthet Lackmuspapier und bräunt Curcumapapier.

Die Salze der Borsäure sind farblos, die mit Alkalien in Wasser löslich und reagiren alkalisch.

Chlorbaryum fällt sie aus conc. Lösung weiss als borsauren Baryt. Der Niederschlag ist in Säuren und Salmiak löslich. Chlorcalcium giebt dieselbe Reaction.

Salpetersaures Silberoxyd giebt mit concentrirter, neutraler Lösung einen weissen, in Essigsäure, Salpetersäure und Ammoniak löslichen Niederschlag.

Bleisalze fällen die borsauren Salze weiss.

Salzsäure und Schwefelsäure fällen aus conc. Lösung Borsäure, welche mit Alkohol übergossen demselben eine gelbgrüne Flammenfarbe ertheilt. Diese Reaction so wie die mit Curcumapapier (in salzsaurer Lösung) unterscheiden die Borsäure von den übrigen Säuren.

Bromsäure (BrO_5).

Das Brom ist eine schwere, rothbraune, sehr flüchtige, dem Chlor ähnlich riechende, in Wasser nicht, in Alkohol leichter, in Aether leicht lösliche Flüssigkeit, welche Pflanzenfarben bleicht, Stärkemehl feuergelb färbt.

Die Bromsäure ist nur im wasserhaltigen Zustande als farblose Flüssigkeit bekannt. Sie entfärbt Indigolösung, röthet anfangs Lackmuspapier, bleicht es später und wird durch Erhitzen in ihre Elemente zerlegt. Durch schweflige Säure und Schwefelwasserstoff wird sie zersetzt, indem Brom frei wird, welches an den braunen Dämpfen und der Reaction mit Stärkekleister leicht zu erkennen ist.

Die bromsauren Salze sind theils in Wasser löslich, theils unlöslich, verpuffen mit verbrennlichen Körpern und werden beim Erhitzen in Brommetalle verwandelt.

Mit Eisenvitriol und Schwefelsäure geben die bromsauren Salze braune Dämpfe; ebenso mit blosser Schwefelsäure.

Man erkennt die Bromsäure neben Chlorsäure und Jodsäure am geeignetsten, wenn man ihre Verbindung durch Erhitzen in Brommetall verwandelt und dieses wie unten angegeben prüft.

Bromwasserstoffsäure (HBr).

Die Bromwasserstoffsäure ist ein coërcibles, farbloses Gas, in Wasser leicht löslich.

Cadmiumoxyd. 59

Die Brommetelle sind theils in Wasser löslich, theis unlöslich. Chlor zersetzt sie und scheidet Brom aus, welches von Aether mit rothbrauner (bei Spuren gelber) Farbe aufgenommen wird, welche auf Zutatz von Kalilauge verschwindet. Auch Braunstein und Schwefelsäure machen beim Erwärmen das Brom frei aus seinen Verbindungen als braunen, Stärkekleister feuergelb färbenden Dampf.

Essigsaures Bleioxyd fällt die Brommetalle weiss. Der Niederschlag ist in kaltem und kochendem Wasser unlöslich (Unterschied vom Chlorblei).

Salpetersaures Silberoxyd fällt sie gelblich weiss (Ag Br). Der Niederschlag schwärzt sich am Licht, ist in Salpetersäure nicht, in Ammoniak schwer löslich.

Salpetersaures Palladiumoxydul (nicht das Palladiumchlorür) fällt aus neutraler Lösung die Brommetalle rothbraun (Pd Br).

Salpetersäure, Baryumhyperoxyd, Wasserstoffhyperoxyd, chromsaures Kali mit Schwefelsäure zersetzen beim Erwärmen die Brommetalle und machen das Brom frei.

Das Brom wird vom Cyan durch Glühen der Silberverbindungen getrennt (letzteres wird zersetzt). Vom Jod scheidet man es durch Behandeln der Silberverbindungen mit Ammoniak (AgJ ist unlöslich), oder durch Kupfervitriol (blos Jod wird gefällt), oder durch Palladiumchlorür (fällt ebenfalls blos das Jod). Brommetalle erkennt man neben Chlormetallen durch Chlorwasser und Aether oder chromsaures Kali und Schwefelsäure. Bei letzterer Reaction wird aus Brommetallen freies Brom ausgeschieden, welches durch Ammoniak farblos wird, während sich aus Chlormetallen chromsaures Chromsuperchlorid bildet als braunrothes Gas, welches durch Ammoniak gelb, durch späteren Zusatz einer Säure rothgelb gefärbt wird.

Cadmiumoxyd (CdO).

Das Cadmium ist zinnweiss, glänzend, dehnbar, verbrennt mit braunem Rauche, beschlägt die Kohle braun (ohne Metallkorn zu hinterlassen), ist in Salz-, Salpeter- und Schwefelsäure löslich.

Das Cadmiumoxyd ist gelbbraun, feuerbeständig, das Cadmiumoxydhydrat ist weiss, in Salz-, Salpeter- und Schwefelsäure löslich.

Seine Salze sind meist in Wasser löslich, farblos, röthen Lackmus, werden in der Hitze zersetzt.

Schwefelwasserstoff (auch Schwefelammonium) fällt das Cadmium aus alkalischer, saurer und neutraler Lösung gelb (CdS). Der Niederschlag ist in Alkalien und Schwefelalkalien nicht, in conc. Salpetersäure beim Erwärmen löslich.

Kali und Ammoniak schlagen Cadmiumoxydhydrat nieder, welches in Kali nicht, in Ammoniak aber leicht löslich ist.

Kohlensaure Alkalien schlagen kohlensaures Cadmiumoxyd nieder, welches von Cyankalium gelöst wird.

Blutlaugensalz fällt Cadmium weiss.

Zink (nicht aber Eisen) scheidet metallisches Cadmium aus.

Die Trennung des Cadmiums von anderen Metallen ist im 2. Theile dieses Buches angegeben.

Chlorsäure (ClO_5).

Das Chlor ist ein coërcibles, gelbgrünes, eigenthümlich riechendes Gas. Es zerstört die Pflanzenfarben, verbindet sich mit manchen Metallen unter Feuererscheinung, wird von Wasser in grosser Menge aufgenommen, zersetzt Alkohol und Aether, greift Goldblättchen an und giebt mit Eisenvitriol und Schwefelcyankalium eine blutrothe Färbung.

Die Chlorsäure ist nur im wasserhaltigen Zustande bekannt. Sie ist eine farblose, stark sauer riechende Flüssigkeit, röthet anfangs Lackmuspapier, bleicht es später und verwandelt sich beim Erhitzen in Chlor, Sauerstoff und Ueberchlorsäure.

Die Salze der Chlorsäure sind sämmtlich in Wasser löslich, verwandeln sich in gelinder Wärme in überchlorsaure Salze und Chlormetalle; bei stärkerer Hitze hinterbleibt nur Chlormetall. Sie verpuffen mit verbrennlichen Körpern sehr heftig und explodiren mit Cyankalium. Indigosolution wird von freier Chlorsäure (bei chlorsauren Salzen nach Zusatz von Schwefelsäure) entfärbt.

Mit Eisenvitriol und Schwefelsäure giebt die Chlorsäure eine der Salpetersäure ähnliche Reaction. Es entweicht dabei chlorsaure chlorige Säure ($ClO_3, 2ClO_5$) als grüngelbes Gas.

Unterchlorige Säure. — Ueberchlorsäure. 61

Schweflige Säure und Schwefelwasserstoff zerlegen die Chlorsäure ebenfalls und machen Chlor frei.

Salzsäure bildet mit Chlorsäure chlorige Säure.

Es mögen hier noch unterchlorige Säure, chlorige Säure, Unterchlorsäure und Ueberchlorsäure kurze Erwähnung finden.

Unterchlorige Säure(ClO) ist ein rothgelbes, stark riechendes, coërcibles Gas, welches leicht oxydirbare Körper entzündet. Sie wird vom Wasser heftig absorbirt und bleicht Pflanzenfarben. Ihre Salze werden durch Kochen mit Wasser in Chlormetalle und chlorsaure Salze verwandelt, durch Säuren leicht zersetzt, bleichen ebenfalls Pflanzenfarben und fällen aus Bleioxydsalzen braunes Bleihyperoxyd. Salzsäure zerlegt die unterchlorige Säure in Chlor und Wasser.

Chlorige Säure (ClO_2).

Die chlorige Säure ist ein grüngelbes, coërcibles, stechend riechendes Gas, färbt die Haut gelb, ist in Wasser leicht löslich, wird durch das Sonnenlicht zersetzt, oxydirt die meisten Metalle, ausgenommen das Gold, Platin und Antimon. Ihre Salze sind in Wasser löslich, ausgenommen die mit schweren Metalloxyden.

Unterchlorsäure (ClO_4).

Ein lebhaft gelbes Gas, zersetzt sich am Lichte in Chlor und Sauerstoff, röthet Lackmuspapier anfangs, bleicht es später, ist in Wasser leicht zu einer gelben Flüssigkeit löslich.

Ueberchlorsäure (ClO_7).

Die Ueberchlorsäure bildet ein weisses krystallinisches Hydrat, welches an der Luft zerfliesst, oder mit Wasser eine schwere ölige Flüssigkeit. Sie röthet Lackmuspapier ohne es zu bleichen, löst Eisen und Zink unter Wasserstoffentwickelung, ist weniger leicht reducirbar als die Chlorsäure, bildet mit chloriger Säure eine rothbraune Flüssigkeit (ClO_3, ClO_7), welche sich mit Kali in Chlorsäure und Ueberchlorsäure zersetzt. Ihre Salze sind ziemlich beständig, meist in Wasser löslich, verpuffen mit verbrennlichen Körpern und verwandeln sich beim Glühen in Chlormetalle.

Chlorwasserstoffsäure (HCl).

Die Chlorwasserstoffsäure ist ein farbloses, coërcibles Gas von erstickendem Geruch, in Wasser leicht löslich.

Ihre Verbindungen sind meist in Wasser löslich, theils ohne Zersetzung flüchtig, theils werden sie in der Wärme zersetzt, das Metall oxydirt sich und Chlor wird frei.

Salpetersaures Silberoxyd fällt sie weiss, käsig (Ag Cl). Der Niederschlag schwärzt sich rasch am Licht, ist in Salpetersäure nicht, in Ammoniak leicht löslich.

Essigsaures Bleioxyd fällt sie ebenfalls weiss (Pb Cl). Der Niederschlag löst sich in kochendem Wasser, Ammoniak verwandelt ihn in basisches Salz, Salpetersäure macht in der Wärme daraus Chlor frei.

Salpetersaures Quecksilberoxydul fällt die Chlormetalle ebenfalls weiss (Hg_2 Cl). Der Niederschlag löst sich in kalter Salz- oder Salpetersäure nicht, beim Erwärmen aber langsam. Ammoniak und Kali scheiden daraus schwarzes Quecksilberoxydul aus. Königswasser und Chlorwasser lösen das Quecksilberchlorür leicht.

Braunstein und Schwefelsäure entwickeln aus den Chlormetallen Chlorgas.

Chromsaures Kali und Schwefelsäure entwickeln aus Chlormetallen ein braunrothes Gas, chromsaures Chromsuperchlorid ($Cr Cl_3$, $2Cr O_3$), welches durch Ammoniak gelb, bei nachherigem Zusatz einer Säure rothgelb gefärbt wird.

Das Chlor wird vom Cyan durch Glühen der Silberverbindung (Cyansilber wird zersetzt), vom Jod durch Behandeln der Silberverbindung mit Ammoniak (Jodsilber ist unlöslich in Ammoniak) oder durch Kupfervitriol (nur Jod wird gefällt) oder salpetersaures Palladiumoxydul (fällt ebenfalls bloss Jod) getrennt. Vom Brom unterscheidet man das Chlor durch Chlorwasser und Aether oder chromsaures Kali und Schwefelsäure wie bei der Bromwasserstoffsäure angegeben.

Chromoxyd ($Cr_2 O_3$).

Das Chrom findet sich natürlich als Chromocker, ist ein grünes, unschmelzbares, feuerbeständiges Pulver. Das Hydrat ($Cr_2 O_3 + 4HO$) ist graugrün, in Säuren leicht löslich; das aus

Chromalaun durch Kali gefällte ist veilchenblau und giebt mit Säuren violette Lösungen, wird beim Erhitzen (bei 80°) in die grüne Modification verwandelt; das geglühte Oxyd ist in Säuren fast unlöslich.

Seine Salze sind grün, bisweilen auch violett oder roth, zersetzen sich beim Glühen, sind theils in Wasser, theils in Salzsäure löslich, röthen Lackmuspapier.

Schwefelwasserstoff fällt sie nicht, Schwefelammonium fällt sie grünlich als Chromoxydhydrat.

Alkalien fällen ebenfalls grünliches Chromoxydhydrat, welches im Ueberschuss des Fällungsmittels löslich, beim Kochen daraus wieder ausgeschieden wird.

Kohlensaurer Baryt fällt das Chromoxyd als ein mit basischem Salz gemengtes Hydrat.

Die Phosphorsalzperle (oder Boraxperle) wird durch Chromoxyd grün gefärbt.

Mit salpetersaurem und kohlensaurem Natron geschmolzen giebt es gelbes chromsaures Natron.

Man scheidet das Chromoxyd vom Zinkoxyd und Thonerde durch Kochen der kalischen Lösung.

Chromsäure (CrO_3).

Die Chromsäure stellt entweder zinnoberrothe Krystalle oder ein braunrothes Pulver dar, welches an der Luft zerfliesslich ist. Sie färbt organische Substanzen gelb, ist in Wasser und Alkohol leicht löslich. Beim Erhitzen giebt sie unter Feuererscheinung Sauerstoff ab und verwandelt sich in Chromoxyd. Wasserstoffsäuren, schweflige Säure und organische Substanzen reduciren sie ebenfalls leicht.

Mit Alkalien giebt sie in Wasser lösliche Salze, von denen die neutralen gelb, die sauren roth gefärbt sind. Sie werden beim Glühen zum Theil zersetzt, entwickeln mit Salzsäure gekocht Chlor, wobei die Lösung grün wird.

Schwefelwasserstoff reducirt die Chromsäure; es scheidet sich Sshwefel aus und die Flüssigkeit wird grün. Schwefelammonium fällt dann aus ihr Chromoxydhydrat.

Chlorcalcium fällt sie gelblich weiss. Der Niederschlag ist in verdünnter Salpetersäure und Salzsäure löslich.

Salpetersaures Silberoxyd fällt sie roth. Der Niederschlag ist in Salpetersäure und Ammoniak löslich.

Essigsaures Bleioxyd fällt gelbes chromsaures Bleioxyd. Der Niederschlag ist in Kali löslich und wird durch Ammoniak roth gefärbt.

Citronensäure ($C_4 H_2 O_4 + HO$, oder 3basisch $C_{12} H_5 O_{11} + 3HO = \overline{Ci}$).

Die Citronensäure krystallisirt (mit 1 und 2 At. Wasser) in wasserhellen rhombischen Säulen, ist in Wasser leicht löslich, schwerer in Weingeist. Sie röthet Lackmus, verkohlt in der Hitze und stösst dabei stechend sauer riechende Dämpfe aus.

Die Salze der Citronensäure sind neutral oder basisch, die mit Alkalien in Wasser löslich. Sie verhindern die Fällung des Eisenoxyds, Manganoxyduls und der Thonerde durch Alkalien.

Essigsaures Bleioxyd im Ueberschuss fällt sie weiss. Der Niederschlag ist nach dem Auswaschen in Ammoniak löslich.

Chlorcalcium fällt die citronensauren Salze erst beim Kochen der mit Kalkwasser oder Ammoniak übersättigten Lösung. Der Niederschlag ist in Kupferchlorid und Salmiak löslich.

Die Citronensäure entwickelt mit Schwefelsäure erhitzt Kohlensäure und Aceton, unter Schwärzung. Mit Schwefelsäure und Braunstein giebt sie Ameisensäure und Kohlensäure.

Cyanwasserstoffsäure (Blausäure HCy).

Das Cyan ist ein farbloses, starkriechendes, in Wasser und Alkohol leicht lösliches Gas, verbrennt mit violetter Flamme.

Die Blausäure stellt sowohl im wassserfreien als wasserhaltigen Zustande eine wasserhelle, flüchtige, stark riechende, Lackmus vorübergehend röthende Flüssigkeit dar. Sie ist in Wasser, Weingeist und Aether löslich, setzt sich bei Gegenwart von Mineralsäuren in Ameisensäure und Ammoniak um.

Die Verbindungen der Blausäure mit Alkalien und alkalischen Erden sind in Wasser löslich und vertragen bei Abschluss der Luft höhere Hitzegrade; die mit schweren Metallen sind häufig in Wasser unlöslich und werden durch Glühen zersetzt. Die Cyanalkalien sind bei Löthrohrversuchen vortreffliche Reductionsmittel für schwere Metalloxyde. Die löslichen Cyanverbindungen werden durch Mineralsäuren leicht, die unlöslichen durch Schwefel-

Eisenoxyd. 65

säure und Salpetersäure nicht, von Salzsäure und Schwefelwasserstoff leicht zersetzt.

Salpetersaures Silberoxyd fällt sie weiss. Der Niederschlag ist in Cyankalium, Ammoniak und unterschwefligsaurem Natron, nicht aber in Salpetersäure löslich.

Eisenoxyduloxyd bringt nach Zusatz von Kali und Salzsäure einen blauen Niederschlag hervor.

Kupfervitriol giebt mit alkalischen Lösungen einen weissen, in Salzsäure unlöslichen Niederschlag.

Quecksilberoxyd wird von alkalischer Blausäurelösung aufgenommen. Diese Reaction ist sehr charakteristisch für die Blausäure.

Schwefelammonium und Ammoniak (von jedem nur eine Spur) verwandeln die Blausäure in Schwefelcyanwasserstoffsäure, welche mit Eisenchlorid blutroth gefärbt wird.

Von organischen Substanzen trennt man die Blausäure am besten durch Destillation mit Alkohol und Phosphorsäure.

Eisenoxyd (Fe_2O_3).

Das Eisen ist weissgrau, glänzend, hart, dehnbar, wird vom Magnet angezogen. Es oxydirt sich an feuchter Luft und ist in Salpetersäure, Salzsäure und verdünnter Schwefelsäure leicht löslich.

Das Eisenoxyd kommt natürlich als Eisenglanz und als Hydrat als Brauneisenstein vor. Es ist grau bis braun, in Säuren leicht löslich.

Seine Salze sind meist gefärbt, röthen Lackmus und zersetzen sich beim Erhitzen.

Schwefelwasserstoff reducirt das Eisenoxyd zu Eisenoxydul und scheidet Schwefel aus.

Schwefelammonium fällt schwarzes Eisensulphür (FeS), welches in Alkalien und Schwefelalkalien nicht, in Salzsäure, Salpetersäure und Schwefelsäure leicht löslich ist.

Alkalien fällen die Eisenoxydsalze rothbraun. Der Niederschlag ist im Ueberschuss des Fällungsmittels unlöslich. Weinsäure und andere organische Säuren verhindern diese Fällung.

Kohlensaurer Baryt fällt sie als basisches Salz mit Eisenoxyd gemengt (Unterschied von Mangan, Kobalt, Nickel und Zink).

Zinnchlorür oder Zink verwandelt die Eisenoxydsalze in Oxydulsalze.

Blutlaugensalz fällt sie blau. Der Niederschlag ist in Salzsäure unlöslich, wird durch Kali zersetzt.

Kaliumeisencyanid färbt die Lösung des Eisenoxyds grünlich.

Schwefelcyankalium färbt sie blutroth.

Galläpfeltinctur färbt sie tief schwarz.

Eisenoxydul (FeO).

Das Eisenoxydul ist ein schwarzes, sein Hydrat ein weisses, sich leicht höher oxydirendes Pulver, welches sich in Salzsäure, Salpetersäure und Schwefelsäure leicht löst. Seine Salze röthen Lackmus und ziehen an der Luft Sauerstoff an.

Schwefelammonium fällt schwarzes Eisensulphür (FeS).

Alkalien und schwefelsaure Alkalien fällen die Eisenoxydulsalze weiss. Der Niederschlag wird bald grün dann braun. Ammoniak verhindert die Fällung ganz oder theilweise.

Blutlaugensalz fällt sie weiss. Der Niederschlag wird an der Luft und durch oxydirende Körper blau.

Ferridcyankalium fällt sie schön blau.

Galläpfeltinctur und kohlensaurer Baryt bewirken keine Niederschläge.

Essigsäure $(C_4 H_3 O_3 + HO = \bar{A})$.

Die Essigsäure ist eine farblose, stark sauer riechende, ätzende, vollkommen flüchtige Flüssigkeit, erstarrt bei $+4°$ zu blätterigen Krystallen, die bei $+16°$ wieder schmelzen, mischt sich mit Wasser, Aether, Alkohol und mehreren ätherischen Oelen.

Ihre Salze werden beim Glühen zersetzt und scheiden meist Kohle ab. Sie sind fast alle in Wasser löslich.

Eisenchlorid färbt neutrale essigsaure Salze rothbraun. Die Färbung verschwindet bei Zusatz von Salzsäure.

Salpetersaures Silberoxyd fällt neutrale Lösungen weiss, krystallinisch. Der Niederschlag ist in Ammoniak und heissem Wasser löslich.

Salpetersaures Quecksilberoxydul fällt freie Essigsäure und essigsaure Salze weiss. Der Niederschlag löst sich in heissem Wasser.

Schwefelsäure macht aus essigsauren Salzen die Essigsäure

Ferridcyanwasserstoffsäure- — Ferrocyanwasserstoffsäure. 67

frei, bei Zusatz von Alkohol (gleiche Volumina Schwefelsäure und Alkohol) bildet sich Essigäther.

Die Essigsäure und Ameisensäure können durch Destillation von vielen anderen Säuren getrennt werden. Sie sind durch die Färbung mit Eisenoxyd charakterisirt. Durch ihr Verhalten zu Silber und Quecksilber, und den Geruch ihrer Aetherarten unterscheiden sie sich von einander.

Ferridcyanwasserstoffsäure ($3HCy + Fe_2 Cy_3$ [Berzelius] oder $3H + Cy_6 Fe_2 = H_3 Cfdy$ [Liebig]).

Die Ferridcyanwasserstoffsäure krystallisirt in bräunlichen Nadeln, röthet Lackmus und zersetzt sich an der Luft bald. Das Eisen lässt sich aus ihr nicht durch Schwefelammonium fällen. Sie ist in Wasser leicht löslich.

Mit Alkalien bildet sie in Wasser lösliche, mit schweren Metallen unlösliche Verbindungen. Letztere werden durch Kochen mit caustischen oder kohlensauren Alkalien zersetzt, wobei sich die Metalle als Oxyde ausscheiden. In der Hitze werden sie ebenfalls zersetzt.

Eisenoxydulsalze (nicht Eisenoxydsalze) fällen sie blau. Der Niederschlag ist in verdünnten Säuren unlöslich und wird durch Aetzkali zersetzt.

Salpetersaures Kobaltoxydul fällt sie dunkelbraun.

Salpetersaures Silberoxyd fällt sie rothbraun in Ammoniak unlöslich.

Ferrocyanwasserstoffsäure ($2HCy + FeCy$ [Berzelius] oder $2H + Cy_3 Fe = H_2 Cfy$ [Liebig]).

Farbloses, krystallinisches oder amorphes Pulver, röthet Lackmus, ist geruchlos, in Wasser und Alkohol leicht löslich. An der Luft zersetzt sie sich, besonders beim Erwärmen.

Ihre Verbindungen mit Alkalien sind in Wasser löslich, die mit schweren Metallen unlöslich. Sie werden durch Glühen zersetzt.

Essigsaures Bleioxyd fällt sie weiss. Der Niederschlag ist in Säuren unlöslich.

Salpetersaures Silberoxyd fällt sie ebenfalls weiss. Der Niederschlag ist in Ammoniak und Salpetersäure unlöslich.

Schwefelsaures **Kupferoxyd** fällt sie aus saurer Lösung braunroth.

Schwefelsaures **Eisenoxydul** fällt sie weiss. Der Niederschlag wird an der Luft blau.

Eisenchlorid fällt sie tief blau. Der Niederschlag ist in Wasser, Weingeist und verdünnten Mineralsäuren unlöslich. Oxalsäure und auch weinsaures Ammoniak lösen ihn. Chlorwasser färbt ihn grün, Eisenchlorür und Zinnchlorür machen ihn wieder blau. Mit Quecksilberoxyd und Wasser behandelt, zerfällt er in Cyanquecksilber und Eisenoxyduloxyd.

Chlorcalcium fällt die Ferrocyanwasserstoffsäure langsam weiss. Der Niederschlag ist in Essigsäure schwer löslich.

Fluorwasserstoffsäure (HFl).

Das reine Fluor ist noch nicht dargestellt.

Die Fluorwasserstoffsäure ist eine farblose, flüchtige, Glas ätzende, in Wasser leicht lösliche Flüssigkeit.

Mit Alkalien giebt sie in Wasser lösliche, mit den übrigen Basen theils lösliche, theils unlösliche Verbindungen, welche feuerbeständig sind.

Chlorbaryum fällt sie aus neutraler Lösung weiss. Der Niederschlag ist in Salzsäure löslich.

Chlorcalcium fällt neutrale Lösungen ebenfalls weiss. Der Niederschlag ist in kalter Salz- oder Salpetersäure wenig löslich.

Concentrirte **Schwefelsäure** entwickelt in der Wärme aus Fluormetallen Fluorwasserstoffgas, welches Glas ätzt. Ist gleichzeitig Kieselsäure vorhanden, so entsteht Kieselfluorwasserstoffsäure, welche an einem mit Wasser benetzten Glasstabe eine Fällung giebt.

Durch Schwefelsäure nicht zersetzbare Fluormetalle müssen mit kohlensaurem Natronkali aufgeschlossen werden.

Goldoxyd (AuO_3).

Das Gold ist gelb, weich, dehnbar, in Salzsäure und Salpetersäure nicht, in Königswasser leicht löslich.

Das Goldoxyd ist ein dunkelbraunes, als Hydrat rothgelbes bis braunes, durch Licht namentlich beim Erwärmen reducirbares, in Salzsäure leicht lösliches Pulver. Die Lösung in conc. Salpetersäure wird durch Wasser zersetzt.

Das Gold verbindet sich mit Wasserstoffsäuren zu festeren Verbindungen. Dieselben sind gelb und werden in der Hitze zersetzt.

Schwefelwasserstoff fällt das Gold aus neutraler und saurer Lösung schwarz. Der Niederschlag ist in Säuren nicht, in Alkalien theilweise, in schwefelhaltigen Schwefelalkalien und Königswasser leicht löslich.

Oxalsäure färbt die Goldlösungen dunkelschwarz-grün und fällt metallisches Gold.

Eisenvitriol fällt metallisches Gold mit dunkelbrauner Farbe. Der Niederschlag nimmt beim Druck Metallglanz an.

Zinnchlorür (welches Zinnchlorid enthält) bewirkt in verdünnten Lösungen purpurrothe Färbung, in concentrirten purpurrothe Fällung, Goldpurpur ($AuO, SnO_2 + SnO . 4HO$ [Lehmann], $AuO SnO_2 + SnO SnO_2 + 4HO$ [Fresenius]). Der Niederschlag ist in Salzsäure unlöslich, Aetzammoniak löst ihn mit purpurrother Farbe.

Das Gold wird vom Platin in salzsaurer Lösung entweder durch Abdampfen mit Salmiak und Ausziehen des Rückstandes mit Alkohol (das Gold geht in Lösung) oder durch Fällen mit Eisenvitriol (Gold) und Versetzen des abgedampften Filtrates mit Weingeist und Salmiak (Platin) getrennt.

Jodsäure (JO_5).

Das Jod stellt graue, glänzende, vollkommen flüchtige (als violetter Dampf) Blättchen dar, von eigenthümlichem Geruch. Es ist in Wasser fast nicht, in Weingeist, noch leichter in Aether löslich. Es bleicht Pflanzenfarben, färbt organische Körper (vorübergehend) braun, Stärkemehl schwarz, braunroth oder violett.

Die Jodsäure ist im wasserfreien und wasserhaltigen Zustande krystallisirbar, farblos, luftbeständig, in Wasser löslich, röthet Lackmus, bleicht es später, entfärbt Indigosolution und wird beim Erhitzen in Jod und Sauerstoff zerlegt. Sie ist ein kräftiges Oxydationsmittel. Schweflige Säure und Schwefelwasserstoff zersetzen sie, Jod wird frei und ist an der Reaction mit Stärkekleister (violette Färbung) leicht zu erkennen.

Die jodsauren Salze sind meist in Wasser unlöslich, werden

beim Erwärmen in Jodmetalle und überjodsaure Salze verwandelt; bei stärkerer Hitze hinterbleibt nur Jodmetall. Sie verpuffen mit verbrennlichen Körpern.

Mit Eisenvitriol und Schwefelsäure geben sie violette Dämpfe.

Salpetersaures Silberoxyd schlägt sie weiss nieder. Der Niederschlag ist in Ammoniak löslich und fällt schweflige Säure aus der Lösung Jodsilber.

Jodwasserstoffsäure (HJ).

Ein farbloses coërcibles, erstickend riechendes, in Wasser leicht lösliches Gas, röthet Lackmus. Ihre wässerige Lösung ist farblos, wird an der Luft bald gelb und scheidet Krystalle von Jod aus. Sie wird durch Chlor, Brom und conc. Schwefelsäure zersetzt, das Jod wird frei und ertheilt darauf gegossenem Aether oder Benzin eine violettrothe bis braunrothe Farbe.

Die Jodverbindungen mit alkalischer Basis sind in Wasser leicht löslich, die mit schweren Metallen meist unlöslich. Salpetersäure zersetzt sie.

Salpetersaures Silberoxyd fällt sie gelb. Der Niederschlag ist in Salpetersäure und Ammoniak unlöslich. Palladiumchlorür und salpetersaures Palladiumoxydul fällen sie braunschwarz. Der Niederschlag ist in kalter Salzsäure und Salpetersäure unlöslich.

Kupfervitriol (mit $2\frac{1}{2}$ Th. Eisenvitriol gemischt) fällt sie schmutzig weiss ($Cu_2 J$). Ammoniak begünstigt die Fällung (Unterschied von Salzsäure und Bromwasserstoffsäure).

Braunstein und Schwefelsäure machen das Jod frei (Reaction mit Stärkekleister).

Chromsaures Kali und Schwefelsäure machen ebenfalls das Jod frei, desgleichen Wasserstoffhyperoxyd und Baryumhyperoxyd.

Quecksilberoxydulsalze fällen das Jod gelb, Quecksilberoxydsalze roth.

Erhitzt man ein Jodmetall mit einem Gemenge von trockenen kohlensauren und gebrannten Kalk und etwas Quecksilberchlorid, so sublimirt rothes Jodquecksilber. (Diese Reaction ist sehr charakteristisch).

Die Trennung des Jods von Chlor, Brom und Cyan ist bei diesen angegeben.

Kali (KO).

Das Kali ist feuerbeständig, in Wasser leicht löslich. Seine Salze sind farblos, meist in Wasser löslich.

Platinchlorid fällt aus neutralen und sauren Lösungen gelbes Kaliumplatinchlorid ($KCl + PtCl_2$). Alkohol begünstigt die Abscheidung. (Ammoniak giebt mit Platinchlorid einen ähnlichen Niederschlag, darf deshalb nicht zugegen sein).

Weinsteinsäure im Ueberschuss schlägt aus neutraler oder alkalischer Lösung saures weinsaures Kali nieder. Der Niederschlag ist in Säuren und freien Alkalien löslich.

Kali färbt die Weingeistflamme violett, Natron verdeckt die Färbung.

Kalk (CaO).

Das Kalkhydrat ist ein weisses, in Wasser wenig lösliches Pulver.

Die Kalksalze sind in Wasser theils löslich, theils unlöslich. Chlorcalcium und salpetersaurer Kalk sind in absolutem Alkohol löslich.

Reine, kohlensaure und phosphorsaure Alkalien fällen den Kalk weiss (CaO, CaO, CO_2, $HO, 2CaO, PO_5$). Säuren lösen die Niederschläge leicht auf (der durch phosphorsaures Natron wird auch von Salmiak gelöst).

Oxalsäure und oxalsaures Ammoniak fällen Kalksalze weiss, pulverig. Der Niederschlag ist in Salpetersäure und Salzsäure, nicht aber in Essigsäure und Oxalsäure löslich.

Schwefelsäure und schwefelsaure Salze fällen nur concentrirte Kalklösungen. Weingeist begünstigt die Fällung.

Kalk färbt die Weingeistflamme gelbroth.

Kieselsäure (SiO_3 auch SiO_2 und SiO).

Die Kieselsäure kommt natürlich in 6seitigen Säulen vor. Die geglühte Kieselsäure (a Kieselsäure) ist ein weisses, feuerbeständiges, nur im Knallgasgebläse schmelzbares Pulver. Sie ist in Wasser, Alkalien und Säuren unlöslich, wird durch Schmelzen mit kohlensauren Alkalien als kieselsaures Alkali in Wasser löslich. Die gefällte Kieselsäure (b Kieselsäure) bildet eine weisse Gallerte, ist in Wasser, ätzenden und kohlensauren Alkalien in der Wärme löslich. Säuren verwandeln die lösliche Modification beim Kochen in die unlösliche, Alkalien letztere in die erstere. Soda löst die **Kieselsäure** vor dem Löthrohre zu einem farblosen Glase, die Phosphorsalzperle giebt mit ihr ein Skelett.

Die kieselsauren Alkalien bilden in Wasser lösliche Salze, aus welchen durch **Säuren** (Salzsäure), namentlich beim Verdampfen zur Trockene und Behandeln des Rückstandes mit Salzsäure und Wasser, die **Kieselsäure** als in Aetzkali lösliches Pulver (Gallerte) zurückbleibt.

Kobaltoxydul (CoO).

Das Kobalt ist weissgrau bis röthlich grau, spröde, schwach magnetisch, oxydirt sich an der Luft beim Erwärmen langsam, löst sich in Salpetersäure leicht, in Salzsäure und Schwefelsäure schwer.

Das Kobaltoxydul ist graugrün, sein Hydrat rosenroth, in Schwefelsäure, Salzsäure und Salpetersäure leicht löslich.

Seine Salze sind pfirsichblüthroth, werden beim **Erwärmen** meist blau und zersetzen sich in der Hitze. Die neutralen Salze röthen Lackmus, färben die Boraxperle (auch Phosphorsalzperle) blau.

Schwefelammonium (nicht Schwefelwasserstoff) fällt sie schwarz. Der Niederschlag ist in Alkalien, kohlensauren Alkalien, Schwefelalkalien und verdünnten Säuren unlöslich, in concentrirten Säuren und Königswasser löslich.

Kaliumeisencyanür fällt Kobaltoxydulsalze grün, **Kaliumeisencyanid** braunroth.

Aetzkali fällt sie mohnblau. Der Niederschlag wird auf dem Filter grün, durch Kochen blassroth, ist in Aetzkali nicht, in kohlensaurem Ammoniak mit violettrother Farbe löslich. Ammoniak verhindert ganz oder theilweise die Fällung durch Kali oder Natron.

Aetzammoniak fällt sie blau. Der Niederschlag ist im Ueberschuss des Fällungsmittels mit blassrother Farbe löslich. Die Lösung wird an der Luft braun.

Kohlensaures Kali (oder -Natron) fällt sie roth.

Cyankalium fällt sie bräunlich weiss. Der Niederschlag ist im Ueberschuss des Fällungsmittels löslich, wird durch Säuren

Kohle. — Kohlensäure. 73

daraus wieder gefällt. Nach dem Kochen mit überschüssigem Cyankalium fällen Säuren die Lösung nicht mehr.

Kobalt trennt man vom Nickel auf 5 verschiedene Arten. 1) Die Oxydule werden in Ammoniak gelöst, die Lösung mit luftfreiem Wasser verdünnt und mit Aetzkali versetzt. Es wird bloss Nickel gefällt. 2) Man sättigt die wenig freie Säure enthaltende salzsaure Lösung mit Chlorgas, bringt kohlensauren Baryt im Ueberschuss zu und lässt stehen (24 Stunden). Das Kobalt wird als schwarzes Oxyd gefällt. 3) Die Oxydulhydrate werden durch Oxalsäure in oxalsaure Salze verwandelt, die überschüssige Säure mit Wasser entfernt und jene in Ammoniak gelöst. Beim Verdunsten des Ammoniaks scheidet sich oxalsaures Nickeloxydul aus, oxalsaures Kobaltoxydul bleibt in Lösung. 4) Man löst die Hydrate in überschüssigem Cyankalium, kocht unter Zusatz einiger Tropfen Salzsäure (damit etwas Blausäure frei wird) und setzt dann Salzsäure zu. Das Cyannickel wird gefällt, das Cyankobalt bleibt in Lösung. 5) Aus der Lösung in Cyankalium scheidet Quecksilberoxyd das Nickel aus, salpetersaures Quecksilberoxydul fällt das Kobalt aus dem Filtrate.

Kohle (C) und Kohlensäure (CO_2).

Die Kohle kommt in 3 allotropischen Zuständen vor; krystallisirt als Diamant ($C\alpha$), als Graphit und Anthracit ($C\beta$), als Kohlensäure und in organischen Körpern ($C\gamma$). Alle drei Modificationen sind unschmelzbar (vor dem Löthrohre), in allen Lösungsmitteln unlöslich, ohne Reaction, verbrennen zu Kohlensäure und zwar die gewöhnliche Kohle leicht, Graphit schwerer, Diamant sehr schwer (im Sauerstoffgas). Die gewöhnliche Kohle verpufft beim Schmelzen mit Salpeter und liefert mit Kupferoxyd geglüht Kohlensäure.

Die Kohlensäure ist ein farb- und geruchloses, coërcibles Gas, röthet Lackmus vorübergehend, trübt Kalkwasser.

Ihre Salze mit Alkalien sind in Wasser löslich, die übrigen meist unlöslich; einige lösen sich bei freier Kohlensäure in Wasser. Durch Säuren werden sie unter Aufbrausen zersetzt.

Chlorbaryum und Chlorcalcium sowie Baryt und Kalk fällen sie weiss. Der Niederschlag wird durch freie Kohlensäure gelöst, durch andere Säuren zersetzt.

Basisch-essigsaures Bleioxyd zieht Kohlensäure aus der Luft an und trübt sich.

Man erkennt die Kohlensäure leicht an der Trübung beim Einleiten in Kalkwasser.

Kupferoxyd (CuO).

Das Kupfer ist roth, glänzend, dehnbar, schwer schmelzbar, oxydirt sich in der Wärme, färbt die Weingeistflamme grün. Salzsäure und verdünnte Schwefelsäure lösen es nicht, concentrirte Schwefelsäure und Salpetersäure lösen es leicht.

Das Kupferoxyd findet sich natürlich als Kupferschwärze. Es ist ein schwarzes Pulver; das Kupferoxydhydrat ist hellblau. Sie werden von Salpetersäure, Schwefelsäure und Salzsäure leicht gelöst.

Schwefelwasserstoff (oder Schwefelammonium) fällt das Kupferoxyd braunschwarz. Der Niederschlag ist in Alkalien, Schwefelalkalien (Schwefelammonium löst es etwas) und verdünnten Säuren nicht, in Cyankalium und heisser concentrirter Salpetersäure leicht löslich.

Aetzkali fällt es hellblau (CuO,HO). Der Niederschlag wird beim Kochen schwarz.

Ammoniak fällt es grünlich-blau. Der Niederschlag löst sich in überschüssigem Ammoniak mit lasurblauer Farbe.

Kohlensaures Natron fällt es grünlich-blau. Der Niederschlag, löst sich in Ammoniak mit lasurblauer, in Cyankalium mit bräunlicher Farbe.

Kaliumeisencyanür fällt es rothbraun. Der Niederschlag ist in verdünnten Säuren unlöslich, wird durch Kali zersetzt.

Zink überzieht sich in Kupferoxydlösung schwarz, Eisen roth.

Vor dem Löthrohr mit Soda auf Kohle erhitzt, geben die Kupferoxydsalze rothe Metallblättchen ohne Beschlag. Die Boraxperle (oder Phosphorsalzperle) ist in der Reductionsflamme braun, in der Oxydationsflamme grün.

Lithion (LiO).

Das Lithionhydrat ist weiss, schmelzbar, durchscheinend, nicht flüchtig, nicht zerfliesslich, in Wasser schwerer löslich als Kali und Natron.

Seine Salze sind meist in Wasser löslich (schwerer zwar als

Magnesia. — Manganoxydul.

Kali und Natronsalze) und färben die Spiritusflamme carminroth, Chlorlithium ist an der Luft zerfliesslich, in einem Gemenge von wasserfreiem Aether und Alkohol löslich.

Kocht man Lithionsalze mit kohlensaurem und phosphorsaurem Natron ein, so hinterbleibt ein schwer lösliches Salz.

Magnesia (MgO).

Die Magnesia ist ein weisses, sehr leichtes, voluminöses Pulver, unlöslich in Wasser, leicht löslich in Säuren.

Ihre Salze sind in Wasser theils löslich, theils unlöslich, in Salzsäure alle löslich. Sie schmecken bitter, werden in der Hitze zersetzt.

Ammoniak fällt Magnesia aus saurer Lösung nicht, aus neutraler unvollkommen.

Kali, Baryt, kohlensaures Kali und kohlensaurer Baryt fällen Magnesiasalze weiss (MgO, HO resp. $3[MgO, CO_2+HO] + MgO,HO$). Die Niederschläge sind in Ammoniaksalzen löslich; letztere verhindern deshalb die Fällung.

Phosphorsaures Natron fällt sie weiss (HO, $2MgO,PO_5$). Ammoniak oder Salmiak begünstigt die Fällung ($H_4 NO,2MgO PO_5$).

Mit Kobalt giebt die Magnesia eine fleischrothe Masse vor dem Löthrohr.

Man trennt die Magnesia von den alkalischen Erden durch Fällen mit kohlensaurem Ammoniak bei Gegenwart von Salmiak (Magnesia bleibt in Lösung), von den Alkalien durch Fällen mit phosphorsaurem Natron und Ammoniak (Magnesia wird gefällt).

Manganoxydul (MnO).

Das Mangan ist graulich-weiss, feinkörnig, spröde, nicht magnetisch, schwer schmelzbar, oxydirt sich an der Luft, ist in Säuren leicht löslich.

Das Manganoxydul ist grünlich-grau entzündbar; sein Hydrat ist weiss. Säuren lösen beide leicht. An der Luft oxydiren sie sich höher und werden braun. Die Manganoxydulsalze sind farblos oder fleischroth, in Wasser theils löslich, theils unlöslich, in Säuren leicht löslich. Sie werden beim Glühen zersetzt (das schwefelsaure Manganoxydul ausgenommen).

Schwefelammonium (nicht Schwefelwasserstoff) fällt sie fleischroth. Der Niederschlag wird an der Luft dunkelbraun, ist in

Molybdänsäure.

Alkalien und Schwefelalkalien nicht, in Essigsäure, Salzsäure und Salpetersäure leicht löslich.

Aetzalkalien fällen sie weiss (MnO,HO). Der Niederschlag wird an der Luft leicht braun, ist frisch gefällt in Salmiak löslich, weshalb letzterer auch die Fällung verhindert.

Kohlensaure Alkalien geben ebenfalls einen weissen, in Salmiak löslichen Niederschlag.

Kaliumeisencyanür fällt sie nicht.

Mit Soda und wenig Salpeter auf Platinblech erhitzt, giebt Manganoxydul eine saftgrüne Masse (übermangansaures Natron).

Mennige mit Manganlösung beträpfelt und mit Salpetersäure zum Kochen erhitzt, giebt eine purpurrothe Farbe.

Die Boraxperle ist in der Oxydationsflamme amethystfarben, in der Reductionsflamme farblos.

Das Schwefelmangan kann durch Ausziehen mit Essigsäure vom Schwefelnickel u. s. w. getrennt werden.

Molybdänsäure (MoO_3).

Das Molybdän ist entweder ein aschgraues Pulver, oder stellt silberglänzende Stücke dar, ist hart, spröde, schwer schmelzbar, oxydirt sich beim Glühen an der Luft, löst sich in concentrirter Salpetersäure und Schwefelsäure, nicht aber in Salzsäure.

Das Molybdänoxydul (MoO) bildet sich bei der Reduction molybdänsaurer Salze mit Zink und Salzsäure. Es ist schwarz, verwandelt sich an der Luft in Oxyd, beim Erhitzen in Molybdänsäure. In Säuren ist es schwer löslich und giebt damit schwarze, undurchsichtige Lösungen. Dieselben werden durch Schwefelwasserstoff schwarz gefällt. Der Niederschlag ist in Schwefelalkalien löslich. Kaliumeisencyanid fällt sie rothbraun, Alkalien braunschwarz. Die Boraxperle wird vom Molybdänoxydul in der Reductionsflamme gelb bis braunroth, die Phosphorsalzperle grün gefärbt.

Das Molybdänoxyd (MoO_2) ist dunkelbraun, in Säuren unlöslich. Das Molybdänoxydhydrat ist rostfarben, giebt mit Säuren schwarze, durch Alkalien rostfarben fällbare Salze.

Die Molybdänsäure (MoO_3) kommt natürlich als Molybdänocker vor. Sie besteht aus glänzenden Schuppen, die beim Erhitzen zu einer dunkelbraunen Flüssigkeit schmelzen und in weissen, glänzenden Nadeln sublimiren. Sie färbt die Löthrohrflamme hellgrün, röthet Lackmus, ist in Wasser etwas löslich. Säuren lösen die ungeglühte Molybdänsäure und bilden damit Doppelsalze.

Ihre Salze mit Alkalien sind in Wasser löslich und werden durch stärkere Säuren gefällt. Der Niederschlag wird vom Ueberschuss des Fällungsmittels wieder gelöst.

Die Gegenwart der geringsten Menge Phosphorsäure bewirkt, dass die Molybdänsäure durch Säuren citronengelb gefällt wird; die Lösung wird namentlich beim Erwärmen mit Essigsäure gelb.

Die saure Lösung der Molybdänsäure wird durch Zink blau, grün und endlich braunschwarz gefärbt. Durch molybdänsaure Salze geht die braunschwarze Farbe in eine blaue, über molybdänsaures Molybdänoxyd (MoO_2, $4MoO_3$).

Natron (NaO).

Das Natronhydrat ist schwerer flüchtig und weniger ätzend als das Kalihydrat. Es zerfliesst an der Luft, zieht Kohlensäure an und wird wieder fest. Seine Salze sind meist farblos und in Wasser löslich; das kohlensaure Natron zerfliesst nicht an der Luft (Unterschied vom Kali). Sie färben die Löthrohrflamme gelb, verändern die mit Nickeloxydul gelb gefärbte Boraxperle nicht (Kali färbt sie blau).

Antimonsaures Kali fällt neutrale oder alkalische Lösungen weiss, krystallinisch. Der Niederschlag (NaO, SbO_5) entsteht bei verdünnten Lösungen erst nach einiger Zeit. Bei dieser Reaction sind jedoch schwere Metalle, Erden und alkalische Erden so wie kohlensaures Kali und freie Säuren vorher sorgfältig zu entfernen.

Weinsteinsäure fällt nur sehr concentrirte Lösungen in Nadeln.

Nickeloxydul (NiO).

Das Nickel ist silberweiss, magnetisch, dehnbar, schwer schmelzbar, entzündet sich in der Weissglühhitze. Salzsäure, Salpetersäure und verdünnte Schwefelsäure lösen es.

Das Nickeloxydul ist aschgrau, bildet ein apfelgrünes Hydrat, ist in Säuren leicht löslich.

Die löslichen neutralen Salze röthen Lackmus, sind grün, trocken blassgrünlich-grau und werden beim Glühen zersetzt (das schwefelsaure Nickeloxydul ausgenommen).

78 Oxalsäure.

Schwefelammonium (nicht aber Schwefelwasserstoff) fällt sie schwarz. Der Niederschlag ist in Alkalien und Schwefelalkalien nicht (Fünffach-Schwefelammonium löst etwas), in Königswasser und heisser concentrirter Salzsäure leicht löslich.

Ammoniak fällt die Nickeloxydulsalze grün. Der Niederschlag löst sich in überschüssigem Ammoniak mit lasurblauer Farbe.

Aetzkali fällt sie apfelgrün. Der Niederschlag ist in Aetzkali unlöslich, wird von kohlensaurem Ammoniak mit grünlichblauer Farbe gelöst, durch Kali daraus wieder gelbgrün gefällt. Ammoniak verhindert die Fällung durch Aetzkali.

Kohlensaures Ammoniak fällt sie grün, im Ueberschuss wieder löslich.

Kohlensaures Kali fällt sie ebenfalls grün, im Ueberschuss nicht löslich.

Kaliumeisencyanür fällt sie weiss, Kaliumeisencyanid gelbgrün.

Cyankalium fällt sie gelblich grün. Der Niederschlag löst sich in überschüssigem Cyankalium, wird daraus durch Säuren wieder gefällt, durch Kochen mit überschüssiger Säure wieder gelöst.

Das Nickeloxydul färbt die Borax- und Phosphorsalzperle im Oxydationsfeuer roth, im Reductionsfeuer grau.

Seine Trennung von Kobalt ist bei diesem angegeben.

Oxalsäure ($C_2 O_3$ oder [2basisch] $C_4 H_2 O_8 = \overline{O}$).

Das Oxalsäurehydrat ist ein weisses Pulver. Sie krystallisirt in langen Säulen, ist in Wasser und Weingeist löslich, zerfällt bei 150—160° in Kohlenoxyd, Kohlensäure, Ameisensäure und Wasser. Mit concentrirter Schwefelsäure erhitzt, zerfällt sie in Kohlenoxyd, Kohlensäure und Wasser.

Ihre Salze mit alkalischer Basis sind in Wasser löslich, die übrigen schwer oder nicht löslich. Alle Salze der Oxalsäure werden von Salzsäure und Salpetersäure gelöst. Beim Glühen werden sie unter Entwickelung von Kohlenoxyd und Kohlensäure zersetzt.

Chlorbaryum und Chorcalcium fällen neutrale Lösungen derselben weiss. Ammoniak begünstigt die Fällung. Der Nieder-

Palladiumoxdul. — Phosphorsäure. 79

schlag ist in Essigsäure und Salmiak nicht, in Salpetersäure und Salzsäure leicht löslich.

Salpetersaures Silberoxyd fällt sie aus neutraler Lösung weiss. Der Niederschlag ist in Essigsäure nicht, in Salpetersäure und Ammoniak leicht löslich.

Die Oxalsäure unterscheidet sich von der Phosphorsäure durch die Unlöslichkeit ihres Kalksalzes in Essigsäure, sowie durch die Zersetzung desselben beim Glühen, wobei sich Kohlensäure entwickelt. Die Zersetzung der Oxalsäure mit conc. Schwefelsäure ist für sie sehr charakteristisch. Man leitet die entweichenden Gase durch Kalkwasser, welches die Kohlensäure aufnimmt, und fängt das Kohlenoxydgas, welches mit grüner Flamme verbrennt, unter Wasser auf.

Unlösliche oxalsaure Salze werden durch Kochen mit kohlensaurem Natron aufgeschlossen.

Palladiumoxydul (PdO).

Das Palladium ist dem Silber sehr ähnlich. Es ist in Salpetersäure löslich, wird durch Jodtinctur beim Erhitzen geschwärzt.

Das Palladiumoxydul ist ein schwarzes Pulver. Sein Hydrat ist dunkelbraun, in Säuren löslich.

Seine Salze sind gelb bis braunroth, werden beim Glühen zersetzt.

Schwefelwasserstoff fällt sie schwarz. Der Niederschlag ist in Schwefelammonium unlöslich.

Aetzkali und kohlensaures Natron fällen sie bräunlich. Aetzammoniak und kohlensaures Ammoniak fällen sie nicht.

Jodkalium fällt sie schwarz (PdJ).

Das Palladium kömmt sehr selten vor und wird hier nur erwähnt, weil es als Reagens auf Jod dient.

Phosphorsäure (PO_5).

Die Phosphorsäure kommt in 3 Modificationen vor, als Metaphosphorsäure, Pyrophosphorsäure und gewöhnliche Phosphorsäure (a, b und c Phosphorsäure).

a Phosphorsäure ist ein farbloses Glas in Wasser löslich. Ihre Lösung coagulirt Eiweiss und geht allmählig in die 2. und 3. Modification über. Ihre Salze enthalten 1 Atom Basis, werden durch Baryt weiss, durch Silbernitrat weiss gummiartig gefällt.

80 Phosphorsäure.

b Phosphorsäure $(2HO, PO_5)$ ist ein zäher Syrup, coagulirt Eiweiss nicht, bildet Salze mit 2 Atomen Basis. Salpetersaures Silberoxyd fällt sie weiss erdig. Sie bildet lösliche Doppelsalze.

c Phosphorsäure $(3HO, PO_5)$ bildet ein krystallisirbares Hydrat, coagulirt Eiweiss nicht, giebt Salze mit 3 Atomen Basis; bei den Alkalisalzen kann 1 Atom Basis durch 1 Atom Wasser vertreten werden. Durch Erhitzen geht sie in die anderen Modificationen über. Sie ist schwer flüchtig.

Die phosphorsauren Salze sind nicht flüchtig, die mit alkalischer Basis in Wasser löslich und bräunen im neutralen Zustande Curcumapapier.

Chlorbaryum und Chlorcalcium fällen die neutralen und basischen Salze weiss. Der Niederschlag ist in Salzsäure, Salpetersäure und Essigsäure (frisch gefällt), nur wenig in Salmiak löslich.

Schwefelsaure Magnesia fällt sie namentlich bei Gegenwart von Salmiak und freiem Ammoniak weiss. Der Niederschlag ist in allen Säuren löslich.

Salpetersaures Silberoxyd fällt die neutralen und basischphosphorsauren Salze hellgelb. Der Niederschlag ist in Ammoniak und Salpetersäure löslich.

Essigsaures Bleioxyd fällt neutrale und alkalische Lösungen weiss. Der Niederschlag ist in Salpetersäure leicht, in Essigsäure fast nicht löslich. Er bildet vor dem Löthrohre eine gelbgrüne Kugel, welche nach dem Erkalten Krystalle auf ihrer Oberfläche zeigt.

Eisenchlorid giebt in schwach salzsaurer Lösung der phosphorsauren Salze, nachdem sie mit überschüssigem essigsaurem Natron essigsauer gemacht worden war, einen gelblich-weissen, in Essigsäure unlöslichen, in Salzsäure und essigsaurem Natron löslichen Niederschlag. (Ueberschuss von Eisenchlorid ist zu vermeiden; man nimmt nur 1 Tropfen davon). Will man die Phosphorsäure ganz abscheiden, so fügt man viel Eisenchlorid zu und kocht. Will man Phosphorsäure neben viel Eisenoxyd erkennen, so reducirt man letzteres durch Kochen mit schwefligsaurem Natron zu Eisenoxydul, neutralisirt fast mit kohlensaurem Natron, macht mit essigsaurem Natron essigsauer und setzt einen Tropfen Eisenchlorid zu.

Molybdänsaures Ammoniak mit Salzsäure oder Salpetersäure versetzt, bis der entstandene Niederschlag sich wieder gelöst hat, bringt mit wenig phosphorsaurer Salzlösung namentlich beim Erwärmen eine gelbe Färbung vorher, woraus sich nach einiger Zeit ein gelber Niederschlag abscheidet. Essigsäure begünstigt die Fällung; Arsensäure darf nicht zugegen sein.

Platinoxyd (PtO_2).

Die Farbe des Platins ist zwischen stahlgrau und silberweiss. Es ist sehr glänzend, weich, schwer schmelzbar, nur in heissem Königswasser löslich.

Das Platinoxyd ist dunkelbraun, als Hydrat rothbraun, in der Wärme reducirbar, in Salzsäure leicht, in Salpetersäure und Schwefelsäure schwer löslich. Es kann sich mit Säuren und Basen verbinden.

Die Platinsalze sind gelb oder roth, röthen im neutralen Zustande Lackmus und geben mit den entsprechenden Alkalisalzen Doppelverbindungen.

Schwefelwasserstoff fällt sie schwarzbraun. Der Niederschlag ist in Schwefelalkalien und Königswasser löslich.

Chlorammonium und Chlorkalium (nicht Chlornatrium) fällen gelbe Doppelsalze. Der Niederschlag scheidet sich bei Zusatz von Alkohol leichter ab und ist im Ueberschuss des Fällungsmittels beim Erwärmen löslich.

Eisenvitriol reducirt sie nicht.

Zinnchlorür reducirt sie und bringt eine dunkelrothe Färbung ohne Niederschlag hervor.

Jodnatrium färbt sie dunkelbraun.

Unedle Metalle schlagen metallisches Platin nieder.

Quecksilberoxyd (HgO).

Das Quecksilber ist glänzend, weiss, flüssig, in der Wärme flüchtig, in Salzsäure und Salpetersäure leicht löslich.

Das Quecksilberoxyd ist gelbroth bis hochroth, zerfällt in der Hitze in Sauerstoff und Quecksilber, ist in Salzsäure und Salpetersäure löslich.

Seine Verbindungen sind theils unzersetzt, theils unter Zersetzung beim Erhitzen flüchtig, röthen im neutralen Zustande

Lackmus und werden zum Theil durch viel Wasser in basische unlösliche und saure lösliche Salze zerlegt.

Schwefelwasserstoff fällt sie anfangs weiss, dann gelb, orange, zuletzt schwarz und nur langsam vollständig. Der Niederschlag ist in Schwefelkalium (nicht Schwefelammonium) und Königswasser löslich.

Kali fällt sie rothbraun, bei Ueberschuss gelb, bei Gegenwart von Ammoniakverbindungen weiss.

Ammoniak fällt sie weiss.

Kohlensaures Kali fällt sie ziegelroth.

Jodkalium fällt sie roth. Der Niederschlag sublimirt unzersetzt, löst sich in Alkohol und Jodkalium.

Kaliumeisencyanür fällt sie weiss. Der Niederschlag wird nach längerem Stehen blaugrau.

Zinnchlorür fällt sie zuerst als Oxydul, im Ueberschuss metallisch.

Kupfer überzieht sich in Quecksilberoxydlösungen mit einem grauen Häutchen, welches beim Reiben silberglänzend wird, durch Erhitzen aber verschwindet.

Mit Soda gemengt und in einem Glasröhrchen erhitzt, geben Quecksilberverbindungen ein metallisches Sublimat.

Quecksilberoxydul (Hg_2O).

Ein schwarzes, unter Zersetzung flüchtiges, in Salpetersäure lösliches Pulver.

Seine Verbindungen sind in der Wärme entweder unter Zersetzung oder unzersetzt flüchtig, röthen im neutralen Zustande Lackmus, werden durch Wasser in saure lösliche und basische unlösliche Salze zersetzt, oxydiren sich leicht höher.

Schwefelwasserstoff fällt sie schwarz. Der Niederschlag ist in Königswasser und Schwefelwasserstoff-Schwefelkalium (nicht in Schwefelammonium) löslich. Einfach-Schwefelkalium zersetzt ihn theilweise und hinterlässt metallisches Quecksilber.

Kali und Ammoniak fällen sie schwarz, im Ueberschuss unlöslich.

Kohlensaures Kali fällt sie weiss. Der Niederschlag wird rasch dunkeler.

Jodkalium fällt sie gelb. Der Niederschlag enthält ausser

Salpetersäure. 83

Quecksilberjodür, Quecksilberjodid und basisches Salz. Das Quecksilberjodür ist in Alkohol unlöslich.

Kaliumeisencyanür fällt sie weiss. Der Niederschlag wird bald dunkeler.

Salzsäure und Chlormetalle fällen sie weiss. Der Niederschlag ist in Königswasser und Chlorwasser löslich, wird durch Ammoniak oder Kali schwarz.

Zinnchlorür fällt sie metallisch.

Gegen Kupfer und Soda (beim Erhitzen) verhalten sich die Quecksilberoxydulsalze wie die Quecksilberoxydsalze.

Wegen der Unlöslichkeit des Schwefelquecksilbers in Salpetersäure ist es leicht von den anderen Metallen zu trennen.

Salpetersäure (NO_5).

Im wasserfreien Zustande bildet die Salpetersäure grosse, stark glänzende, vollkommen durchsichtige Krystalle (rhombische Prismen), welche bei 30° schmelzen und bei 45° sich nur zum Theil unzersetzt verflüchtigen. Das Hydrat ist eine farblose, bisweilen durch Gehalt von salpetriger Säure oder Untersalpetersäure rothgefärbte, sehr ätzende Flüssigkeit, ist leicht zersetzbar, zerstört organische Substanzen, raucht an der Luft.

Ihre neutralen Salze sind in Wasser löslich, ihre basischen meist unlöslich. Die salpetersauren Alkalien liefern in der Hitze Sauerstoff und Stickstoff, die übrigen Salze salpetrige Säure und Sauerstoff gemengt mit Salpetersäure. (Salpetersaures Ammoniak giebt Stickoxydul). Mit verbrennlichen Körpern erhitzt, verpuffen sie unter Funkensprühen, vorzüglich mit Kohle und Cyankalium.

Concentrirte Schwefelsäure treibt die Salpetersäure aus ihren Salzen als farblosen oder pomeranzengelben Dampf aus. Bringt man einen Eisenvitriol-Krystall hinzu, so bildet sich um den Krystall eine dunkelbraune, leicht verschwindende Färbung. Neutrale salpetersaure Salze (d. h. salpetersaure Salze ohne Zusatz von concentrirter Schwefelsäure) geben mit Eisenoxydulsalzen diese Färbung nicht (Unterschied von salpetrigsauren Salzen).

Indigolösung wird durch salpetersaure Salze bei Zusatz von Schwefelsäure namentlich in der Wärme entfärbt.

Kupfer giebt mit salpetersauren Salzen und Schwefelsäure gelbrothe Dämpfe (Unterschied von der Chlorsäure).

Mit überschüssiger Salzsäure versetzt werden die salpetersauren Salze unter Entwickelung von salpetriger Säure und Chlor in Chlormetalle verwandelt.

Schwefelcyanwasserstoffsäure ($HCyS_2$).

Die wasserfreie Schwefelcyanwasserstoffsäure ist eine farblose, ölige, sich leicht zersetzende Flüssigkeit. Die wässerige Schwefelblausäure ist wasserhell, riecht der Essigsäure ähnlich.

Die Rhodanmetalle sind meist in Wasser löslich und werden durch Glühen zersetzt.

Salpetersaures Silberoxyd fällt sie weiss, in Salpetersäure nicht, in Ammoniak aber leicht löslich.

Salpetersaures Quecksilberoxydul fällt sie ebenfalls weiss.

Schwefelsaures Kupferoxyd mit schwefelsaurem Eisenoxydul gemengt, fällt sie weiss-körnig.

Eisenchlorid färbt sie blutroth durch Quecksilberchlorid verschwindend.

Schwefelsäure (SO_3).

Die wasserfreie Schwefelsäure stellt weisse, federartige Krystalle dar, verflüchtigt sich als farbloses Gas, zieht heftig Wasser aus der Luft an, verbindet sich mit wenig Wasser unter Explosion, mit Baryt, Kali und Talkerde unter Feuererscheinung. Sie bildet mit Wasser mehrere Hydrate. Dieselben sind wasserhell, ölartig, verkohlen organische Substanzen und verbinden sich mit Wasser unter starker Wärmeentwickelung (ausgenommen die mit mehreren Atomen Wasser).

Die schwefelsauren Salze sind meist farblos und in Wasser löslich, die mit alkalischer Basis feuerbeständig. Sie werden mit Soda auf Kohle erhitzt reducirt und geben Hepar.

Chlorbaryum fällt sie weiss. Der Niederschlag ist in Salzsäure und Salpetersäure unlöslich.

Chlorcalcium fällt nur concentrirte Lösungen weiss. Alkohol begünstigt die Fällung. Der Niederschlag ist in viel Wasser löslich.

Essigsaures Bleioxyd fällt sie ebenfalls weiss. Der Niederschlag ist in verdünnter Salpetersäure schwer, in concentrirter

Salzsäure und Schwefelsäure und in basisch-weinsaurem Ammoniak löslich.

Schwefelwasserstoff (HS).

Der Schwefel kommt in 3 allotropischen Zuständen vor. Aus Lösungen krystallisirt er in Rhombenoctaëdern (Sα), beim Schmelzen oder Sublimiren krystallisirt er in rhombischen Säulen (Sβ), welche durch Erschütterung leicht undurchsichtig werden und sich in Sα verwandeln. Beim Erhitzen bis auf 250 — 260^0 wird er dickflüssig und bildet rasch abgekühlt eine zähe, braune Masse (Sγ). Der präcipitirte Schwefel ist amorph, grau-weiss. Der Schwefel ist gelb, spröde, schmilzt bei 111^0, ist bei 440^0 flüchtig und sublimirt braungelb. Er verbrennt mit blauer Flamme und riecht dabei nach schwefliger Säure. In Wasser ist er nicht, in Alkohol und Aether wenig, in fetten Oelen, Schwefelkohlenstoff, Chlorschwefel und heissem Aetzkali (nicht Ammoniak) leicht löslich. Concentrirte Salpetersäure und Königswasser oxydiren und lösen ihn.

Schwefelwasserstoff ist ein farbloses, coërcibles, in Wasser lösliches Gas, röthet Lackmus, riecht nach faulen Eiern, wird durch Chlor, Jod, Brom, Eisenoxyd und Chromsäure zersetzt.

Mit Metalloxyden bildet der Schwefelwasserstoff Schwefelmetalle und Wasser. Dieselben sind meist gefärbt, theils in Wasser, theils in Säuren, theils in Alkalien und Schwefelalkalien löslich. Man erkennt den Schwefelwasserstoff am Geruch und an der Schwärzung auf mit Blei- oder Silbersalzen getränktem Papier.

Glüht man einen Schwefel enthaltenden Körper mit Soda auf Kohle in der Reductionsflamme und bringt nach dem Erkalten einen Tropfen Nitroprussidnatriumlösung darauf, so bildet sich eine schöne Purpurfarbe.

Schweflige Säure (SO$_2$) und unterschweflige Säure (S$_2$O$_2$).

Die schweflige Säure ist ein farbloses, eigenthümlich riechendes, in Wasser lösliches Gas, welches Lackmus röthet, sich an der Luft in Schwefelsäure verwandelt und durch Schwefelwasserstoff zersetzt wird. Die unterschweflige Säure ist im freien Zustande nicht bekannt, weil sie bei ihrer Ausscheidung sogleich in schweflige Säure und Schwefel zerfällt.

Die Salze der schwefligen Säure sind theils in Wasser löslich (Alkalisalze), theils unlöslich; die der unterschwefligen Säure sind meist löslich.

Salzsäure und Schwefelsäure zersetzen die Salze beider Säuren, die der schwefligen Säure unter Ausscheidung von schwefliger Säure, die der unterschwefligen Säure unter Ausscheidung von Schwefel und schwefliger Säure.

Chlorwasser wandelt die Salze beider Säuren in schwefelsaure Salze um.

Chlorbaryum fällt die Salze beider Säuren weiss. Der schwefligsaure Baryt ist in Salzsäure, der unterschwefligsaure auch in heissem Wasser löslich.

Salpetersaures Silberoxyd fällt sie weiss. Der Niederschlag wird bald schwarz (von reducirtem Silber), ist in überschüssigem unterschwefligsaurem Salz löslich. (Auch Chlor- und Jodsilber wird von unterschwefligsaurem Natron gelöst).

Eisenchlorid wird von neutralen schwefligsauren Salzen rothbraun gefärbt; die Färbung verschwindet beim Kochen.

Bringt man ein Salz dieser Säuren in einen Wasserstoffentwickelungsapparat, so bildet sich Schwefelwasserstoff, welcher am Geruch und an der Reaction auf Bleipapier leicht zu erkennen ist.

Die schweflige Säure reducirt beim Erwärmen mehrere Säuren (Chlorsäure, Bromsäure, Jodsäure zu Chlor-, Brom-, Jodwasserstoffsäure, Chromsäure zu Chromoxyd, Arsensäure zu arseniger Säure) und Oxyde (Gold-, Silber-, Quecksilberoxyd zu regulinischen Metallen, Eisenoxyd und Kupferoxyd zu Oxydulen).

Selensäure (SeO_3).

Das Selen ist in compacter Form bleigrau, fein zertheilt ziegelroth. Es verhält sich dem Schwefel sehr ähnlich. In concentrirter Schwefelsäure ist es löslich und scheidet sich beim Verdünnen derselben als rothes Pulver aus.

Die Selensäure verhält sich gegen Reagentien wie die Schwefelsäure. Der selensaure Baryt entwickelt beim Kochen mit conc. Salzsäure Chlor, indem die Selensäure zu seleniger

Säure reducirt wird; schweflige Säure fällt dann aus der Lösung rothes Selen.

Beim Glühen mit Kohle verpuffen die selensauren Salze.

Mit Salmiak erhitzt, geben die selensauren Salze Selen aus.

Silberoxyd (AgO).

Das Silber ist glänzend, weiss, klingend, dehnbar, schmilzt schwer, ist in Salpetersäure leicht, in verdünnter Schwefelsäure und Salzsäure nicht löslich.

Das Silberoxyd ist ein dunkelbraunes bis schwarzes Pulver, in Salpetersäure leicht löslich, wird in der Hitze reducirt.

Seine Salze sind nicht flüchtig, in Wasser meist löslich, werden durch Licht und Glühhitze zersetzt.

Schwefelwasserstoff und Schwefelammonium fällen sie schwarz. Der Niederschlag ist in Alkalien und Schwefelalkalien nicht, in Salpetersäure leicht löslich.

Aetzalkalien fällen die Silbersalze hellbraun. Der Niederschlag ist in Kali nicht, in Ammoniak leicht löslich. Ammoniakverbindungen verhindern die Fällung ganz oder theilweise.

Salzsäure fällt sie weiss, käsig. Der Niederschlag schwärzt sich am Licht, ist in Säuren nicht, in Ammoniak und unterschwefligsaurem Natron leicht löslich.

Kohlensaure Alkalien und Kaliumeisencyanür fällen Silbersalze weiss.

Unedle Metalle und Oxydulsalze fällen sie regulinisch.

Mit Soda auf Kohle reducirt, giebt das Silber ein weisses, dehnbares Metallkorn.

Strontian (SrO).

Das Strontianhydrat ist in Wasser schwerer löslich als das Barythydrat, in Salzsäure und Salpetersäure leicht löslich, verliert in der Glühhitze nur langsam sein Hydratwasser.

Seine Salze sind meist in Wasser schwer löslich. Salpetersaurer Strontian und Chlorstrontium sind in Wasser leicht löslich; letzteres löst sich auch in Alkohol und ertheilt demselben eine carminrothe Flammenfarbe. Sie werden durch Glühen meist zersetzt.

Aetzalkalien fällen die Strontiansalze aus concentrirter Lösung weiss. Der Niederschlag ist in viel Wasser löslich.

Kohlensaures Kali fällt sie weiss als kohlensauren Strontian. Der Niederschlag ist in Wasser unlöslich.

Schwefelsäure und schwefelsaure Salze fällen sie langsam. Der Niederschlag ist in Wasser wenig löslich. Chlornatrium verhindert die Fällung ganz oder theilweise.

Phosphorsaures Natron fällt neutrale und alkalische Strontianlösungen weiss. Ammoniak vermehrt den Niederschlag, Salmiak vermindert ihn, freie Säuren lösen ihn.

Oxalsäure und oxalsaures Ammoniak fällen auch ziemlich verdünnte Strontianlösungen weiss. Der Niederschlag ist in Salzsäure und Salpetersäure leicht, in Essigsäure und Oxalsäure wenig löslich.

Die Erkennung des Strontians neben Baryt und Kalk ist bei der Beschreibung dieser angegeben.

Thonerde ($Al_2 O_3$).

Die natürlich vorkommende krystallisirte Thonerde (Korund, Rubin, Saphir) ist sehr hart, in Säuren fast unlöslich, wird durch Schmelzen mit saurem schwefelsaurem Kali oder kohlensaurem Natron-Kali aufgeschlossen. Die gefällte Thonerde ist als Hydrat gallertartig in Säure und Aetzkali leicht löslich. Durch Krystallisiren oder Glühen wird sie in Säuren schwer löslich.

Die Thonerdesalze sind weiss oder farblos, schmecken zusammenziehend und röthen Lackmus, theils in Wasser, theils in Salzsäure löslich, theils werden sie erst durch Aufschliessen in Wasser oder Salzsäure löslich. Sie sind feuerbeständig oder werden durch Glühen zersetzt, wobei die Säure flüchtig wird.

Schwefelammonium, kohlensaure Alkalien und ätzende Alkalien schlagen die Thonerdesalze weiss, gallertartig nieder. Der Niederschlag besteht aus Oxydhydrat, gemengt mit basischem Salz. Der durch Alkalien entstandene Niederschlag ist im Ueberschuss des Fällungsmittels löslich, wird daraus durch Chlorammonium wieder gefällt.

Thonerde auf Kohle geglüht, mit salpetersaurem Kobaltoxydul befeuchtet und aufs Neue geglüht, giebt eine blaue Masse.

Traubensäure ($C_8 H_5 O_{12} + 2aq = \overline{Uv}$ oder $\overline{R}$).

Die Traubensäure ist der Weinsteinsäure sehr ähnlich. Sie

verliert bei 100° die 2 Atome Wasser (Unterschied von der Weinsäure), ist in Wasser und Weingeist löslich.

Ihre Salze sind den entsprechenden der Weinsteinsäure sehr ähnlich. Sie unterscheiden sich indessen bisweilen in Löslichkeit, Krystallform (namentlich kommen bei ihnen keine hemiëdrischen Flächen vor) und Wassergehalt von jenen.

Chlorcalcium, salpetersaurer Kalk und schwefelsaurer Kalk fällen die freie Traubensäure (Unterschied von Weinsäure) als weisses Pulver. Auch traubensaure Salze werden durch Chlorcalcium gefällt. Der Niederschlag ist in Salmiak unlöslich (Unterschied von Weinsäure), wird von Kalilauge gelöst, beim Kochen wieder ausgeschieden (Unterschied von Oxalsäure).

Kalkwasser giebt ebenfalls mit traubensauren Salzen einen weissen, in Salmiak unlöslichen Niederschlag. Die Lösung des traubensauren Kalks in Salzsäure wird bei der Neutralisation mit Ammoniak sogleich wieder gefällt (die Lösung des weinsauren Kalks erst nach einiger Zeit).

Mit essigsaurem Kali giebt die Traubensäure einen weissen, in Säuren und Alkalien löslichen Niederschlag.

Mit concentrirter Schwefelsäure erhitzt, werden die traubensauren Salze unter Abscheidung von Kohle zersetzt.

Weinsteinsäure ($C_8 H_4 O_{10} + 2HO$ [2basisch] $= \overline{T}$).

Die Weinsäure krystallisirt in schiefen, vierseitigen Säulen oder in tafelförmigen 6seitigen Prismen, schmeckt angenehm sauer, ist in Wasser und Alkohol löslich, schmilzt bei 170—180° und verkohlt später unter Geruch nach Caramel. Sie hat grosse Neigung Doppelsalze zu bilden.

Die weinsauren Salze sind meist in Wasser löslich. Die unlöslichen werden von Kali, Aetzammoniak, Salzsäure und Salpetersäure gelöst. Sie verhindern die Fällung mehrerer Metalloxyde (Manganoxydul, Eisenoxyd, Thonerde) durch Alkalien, verkohlen bei höherer Temperatur und geben dabei Geruch nach Caramel. Mit conc. Schwefelsäure erhitzt, werden sie zersetzt unter Abscheidung von Kohle.

Chlorcalcium und Kalkwasser (auch Gypssolution) fällen neutrale weinsaure Salze (Kalkwasser auch freie Weinsäure) weiss. Der Niederschlag ist in Salmiak und Aetzkali löslich, wird beim

Kochen der kalischen Lösung wieder ausgeschieden. Essigsäure, Salzsäure und Salpetersäure lösen den weinsauren **Kalk** ebenfalls; auch freie Weinsäure löst ihn.

Schwefelsaure Bittererde fällt sie bei Gegenwart von Salmiak und Ammoniak aus concentrirter Lösung langsam als weissen Niederschlag.

Kalisalze (essigsaures Kali) fällen die freie Weinsäure weiss als saures weinsaures Kali. Der Niederschlag ist in Kali und Salzsäure löslich.

Wismuthoxyd (BiO_3).

Das Wismuth ist silberweiss mit einem Stich ins Röthliche, spröde, leicht schmelzbar, in der Weissglühhitze flüchtig, verbrennt mit bläulicher Flamme, beschlägt die Kohle strohgelb bis braungelb, ist in Salpetersäure leicht, in Salzsäure schwer, in verdünnter Schwefelsäure nicht löslich. Concentrirte Schwefelsäure verwandelt es in schwefelsaures Salz.

Das Wismuthoxyd ist gelb, in der Rothglühhitze zu einer dunkelbraunen, beim Erkalten wieder gelb werdenden Masse schmelzbar. Das Wismuthoxydhydrat ist weiss und verliert in der Wärme sein Wasser. Salzsäure, Salpetersäure und Schwefelsäure lösen beide leicht auf.

Die Wismuthoxydsalze sind zum Theil in Wasser löslich, werden durch viel Wasser in basische unlösliche und sauere lösliche Salze zerlegt. Das basische Salz ist in Weinsäure nicht löslich (Unterschied vom Antimon). Beim Glühen an der Luft werden sie zersetzt.

Schwefelwasserstoff und Schwefelammonium fällen sie braunschwarz. Der Niederschlag ist in Alkalien und Schwefelalkalien nicht, in conc. Salpetersäure leicht löslich.

Kali, Ammoniak und kohlensaures Natron fällen sie weiss. Der Niederschlag ist im Ueberschuss des Fällungsmittels nicht löslich.

Kohlensaures Ammoniak fällt sie ebenfalls weiss. Der Niederschlag ist im Ueberschuss des Fällungsmittels löslich.

Chromsaures Kali fällt sie gelb. Der Niederschlag ist in Kali nicht, in Salpetersäure löslich (Unterschied von Blei).

Kaliumeisencyanür fällt sie weiss.

Zinkoxyd. — Zinnoxyd.

Mit Soda auf Kohle reducirt, geben sie ein sprödes Metallkorn und einen gelben bis braungelben Beschlag.

Zinkoxyd (ZnO).

Das Zink ist bläulich-grau-weiss, glänzend, läuft an der Luft an, ist bei 150° dehnbar, bei 200° spröde, schmilzt bei 400°, beschlägt die Kohle weiss, in der Hitze gelb, verbrennt bei 500° mit bläulich-weisser Flamme. Salzsäure, Schwefelsäure und Salpetersäure lösen es leicht auf.

Das Zinkoxyd ist weiss, wird beim Erhitzen gelb, in der Kälte wieder weiss, ist schwer schmelzbar, feuerbeständig. Das Zinkoxydhydrat ist weiss-voluminös. Salzsäure, Schwefelsäure und Salpetersäure lösen es leicht auf.

Die Zinkoxydsalze sind weiss, röthen im neutralen Zustande Lackmus, sind theils in Wasser, theils in Säuren löslich, werden beim Glühen zersetzt (ausgenommen das schwefelsaure Zinkoxyd).

Schwefelammonium (auch Schwefelwasserstoff bei freie Alkalien oder freie Essigsäure enthaltenden Lösungen) fällt das Zinkoxyd weiss. Der Niederschlag ist in Alkalien und Schwefelalkalien nicht, in Schwefelsäure, Salpetersäure und Salzsäure leicht löslich.

Aetzalkalien und kohlensaures Ammoniak fällen sie weiss. Der Niederschlag ist im Ueberschuss des Fällungsmittels löslich.

Kohlensaures Natron fällt sie weiss. Der Niederschlag ist im Ueberschuss des Fällungsmittels nicht, in kohlensaurem Ammoniak aber löslich.

Kaliumeisencyanür fällt sie weiss.

Mit Soda auf Kohle erhitzt, geben die Zinkoxydsalze einen weissen, in der Hitze gelben, beim Erkalten wieder weiss werdenden Beschlag ohne Metallkorn. Befeuchtet man den Beschlag mit salpetersaurem Kobaltoxydul und erhitzt, so wird er grün.

Zinnoxyd (SnO_2).

Das Zinn ist weiss, glänzend, dehnbar, weich, knirscht beim Biegen, schmilzt bei 228°, oxydirt sich beim Erhitzen an der Luft nur wenig. Salpetersäure oxydirt es, löst es aber nicht, Salzsäure, Königswasser, Schwefelsäure (nur langsam), schwefelsaures Kali, Alaun, Salmiak und doppelt-weinsaures Kali lösen es.

Das Zinnoxyd wird künstlich in 2 Modificationen erhalten.

Das a Zinnoxyd (Metazinnsäure) entsteht durch Oxydation des Zinns mit Salpetersäure. Es ist weiss, pulverig (SnO_2,HO), verliert bei starkem, erhitzten Wasser, wird vorübergehend gelb, röthet Lackmus nicht, ist unschmelzbar, in Salpetersäure, Salzsäure und Schwefelsäure unlöslich, verwandelt sich beim Glühen mit Alkalien in b Zinnoxyd. Das b Zinnoxyd erhält man durch Fällen des Zinnchlorids mit kohlensaurem Kali ($SnO_2, 2HO$). Es ist weiss, gallertartig, wird beim Trockenen seidenglänzend, löst sich in Salzsäure, Schwefelsäure und Salpetersäure, wird aber durch Kochen der Lösung wieder ausgeschieden. Das geglühte Zinnoxyd ist in Salzsäure unlöslich.

Das Zinnoxyd verbindet sich mit Säuren und Basen. Die zinnsauren Salze werden durch Glühen zersetzt, das Zinnoxyd wird indifferent, die Basis wird frei. Die Verbindungen des Zinnoxyds mit Säuren sind farblos, röthen im neutralen Zustande Lackmus, lösen sich in Wasser oder Salzsäure, werden aber beim Verdünnen mit Wasser und Kochen zersetzt. Sie zersetzen sich in der Glühhitze.

Schwefelwasserstoff fällt sie gelb. Der Niederschlag ist in Kali, Schwefelalkalien und heisser conc. Salzsäure löslich. Salpetersäure oxydirt das Zinnsulphid, Wismuthoxydhydrat entschwefelt es beim Kochen mit der kalischen Lösung.

Kali, Ammoniak, kohlensaures Kali und kohlensaures Ammoniak fällen sie weiss. Der Niederschlag ist in Kali löslich.

Kaliumeisencyanür fällt sie weiss, gallertartig.

Zink scheidet aus sauren Lösungen metallisches Zinn aus.

Verdünnte Schwefelsäure fällt a Zinnoxyd, nicht aber b Zinnoxyd aus salzsaurer Lösung.

Auf Kohle mit Soda reducirt, geben die Zinnsalze ein weiches Metallkorn ohne Beschlag.

Zinnoxydul (SnO).

Das Zinnoxydul ist schwarzgrau, als Hydrat weiss, in Salzsäure löslich. Salpetersäure verwandelt es in Oxyd, löst es aber nicht.

Die Zinnoxydulsalze sind meist farblos, theilweise in Wasser löslich, röthen im neutralen Zustande Lackmus, oxydiren sich an der Luft höher, werden beim Glühen zersetzt. Einige werden

Zinnoxydul.

durch Wasser in saure lösliche und basische unlösliche Salze zerlegt.

Schwefelwasserstoff fällt sie schwarzbraun. Der Niederschlag ist in Kali und Mehrfach-Schwefelammonium löslich (Einfach-Schwefelammonium löst es kaum). Salzsäure (heisse) löst es ebenfalls, Salpetersäure verwandelt es in Oxyd.

Aetzalkalien und kohlensaure Alkalien fällen sie weiss. Der Niederschlag ist in Aetzkali löslich.

Goldchlorid giebt einen purpurrothen bis violetten Niederschlag.

Eisen-, Kupfer- und Quecksilberoxydsalze verwandeln die Zinnoxydulsalze in Zinnoxydsalze.

Zink fällt sie metallisch.

Auf Kohle mit Soda reducirt, geben sie ein weiches Metallkorn.

Druckfehler.

Seite 13 Zeile 3 v. o. liess NaO, H_4- statt NaO, H_4
,, 16 ,, 6 v. o. ,, Mehrfach-Schwefelnatrium.
,, 16 ,, 10 v. o. ,, $(NaCl + NaO, ClO$.
,, 31 ,, 4 v. o. ,, $Cu_2 Cfy$ statt $2Cu_2 Cfy$.

Inhalt.

                                                                    Seite.
1. **Theil.** Aufzählung der Elemente und Reagentien 1
   I. Die Elemente 1
   II. Die Reagentien 3
      A. Einfache und einfach-zusammengesetzte Reagentien . 3
      B. Zusammengesetzte Reagentien (Salze) 7
2. **Theil.** Allgemeiner Gang der qualitativen chemischen Analyse
       fester und tropfbar-flüssiger anorganischer Körper . 17
   I. Analyse auf trockenem Wege 17
   II. Analyse auf nassem Wege 22
      A. Prüfung auf Basen 26
      B. Prüfung auf Säuren und deren Stellvertreter . . . 36
3. **Theil.** Verhalten der Körper zu Reagentien 45
Anhang.
Tabellen zur qualitativen chemischen Analyse fester und tropfbar-
   flüssiger anorganischer Körper.
      A. Prüfung auf Basen.
      B. Prüfung auf Säuren und deren Stellvertreter.

Additional material from *Allgemeiner Gang der qualitativen chemischen Analyse,*
ISBN 978-3-662-38697-2, is available at http://extras.springer.com

Verlag von Julius Springer in Berlin.

Die Buchführung
für
Fabrik - Geschäfte.
Ein neues System,
einfach in seiner Anwendung, doppelt in seinen Leistungen.

Von

C. G. Otto,
(Schulz.)
Fabrik-Director.

Vierte vollständig umgearbeitete und vermehrte Auflage.

Mit 15 elegant, mit blauen und rothen Linien versehenen Schema's zu den verschiedenen Büchern.

In festem Einbande. Preis 1 Thlr. 7½ Sgr.

Dieses neue System der Buchführung, mit welchem der Verfasser zum ersten Male vor 12 Jahren in die Oeffentlichkeit trat, gewährt bei einer überraschenden Einfachheit und Natürlichkeit in seiner praktischen Handhabung eine solche mathematische Genauigkeit und Bestimmtheit in Bezug auf die Gleichstimmung der Bücher unter sich, und zugleich Ausführlichkeit in der Beantwortung der in einem Geschäfte vorkommenden Fragen, wie noch von keinem der vielen bisher angewandten Systeme erreicht worden ist, die doppelte Buchhaltung nicht ausgenommen. Es hat deshalb dieses System auch schnell in sehr vielen Fabrikgeschäften Eingang gefunden, und ist mit vollkommener Anerkennung seiner Brauchbarkeit beibehalten worden. Diese Thatsachen, sowie die Nothwendigkeit einer abermaligen neuen Auflage, dürften wohl der beste Beweis für den praktischen Werth des Systems sein.

In der so eben erschienenen vierten Auflage ist das Werk wieder um Vieles vervollständigt, namentlich aber das System durch beigegebene Schema's, und eine in denselben als Beispiel durchgeführte Buchung und Berechnung eines ganzen Betriebsjahres, so veranschaulicht worden, dass sich der Leser sofort von dessen Eigenthümlichkeit und Zweckmässigkeit überzeugen wird.

MIX
Papier aus verantwortungsvollen Quellen
Paper from responsible sources
FSC® C105338

If you have any concerns about our products,
you can contact us on
ProductSafety@springernature.com

In case Publisher is established outside the EU,
the EU authorized representative is:
**Springer Nature Customer Service Center GmbH
Europaplatz 3, 69115 Heidelberg, Germany**

Printed by Libri Plureos GmbH
in Hamburg, Germany